你素颜
最好看

btxa Botulinum Neurotoxin Academy Online 肉毒毒素在线

水光、果酸、水杨酸、微针中胚层美塑疗法全攻略手册

主　编　姜海燕　骆　叶

副主编　张旭东　林钰庭　邢臣径

主　审　徐金华　吴文育

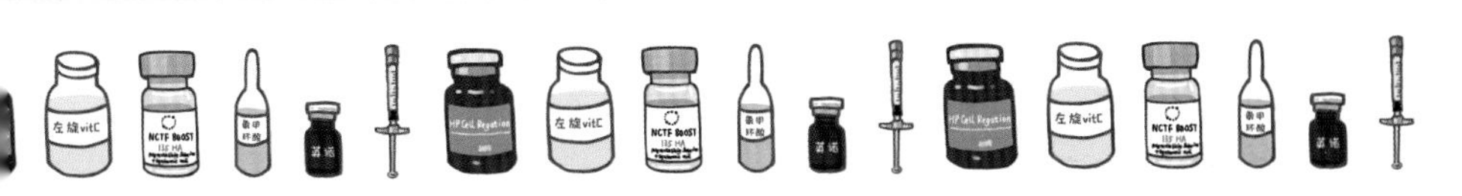

NPM 北方联合出版传媒（集团）股份有限公司

辽宁科学技术出版社

·沈阳·

图书在版编目（CIP）数据

你素颜最好看：水光、果酸、水杨酸、微针中胚层美塑疗法全攻略手册／姜海燕，骆叶主编．—沈阳：辽宁科学技术出版社，2020.8（2024.8 重印）

ISBN 978-7-5591-1589-8

Ⅰ．①你…　Ⅱ．①姜…　②骆…　Ⅲ．①女性－美容－基本知识　Ⅳ．①TS974.1

中国版本图书馆 CIP 数据核字（2020）第 073095 号

出版发行：辽宁科学技术出版社

（地址：沈阳市和平区十一纬路 25 号　邮编：110003）

印 刷 者：辽宁新华印务有限公司

经 销 者：各地新华书店

幅面尺寸：145 mm × 210 mm

印　　张：7.75

插　　页：4

字　　数：200 千字

出版时间：2020 年 8 月第 1 版

印刷时间：2024 年 8 月第 9 次印刷

责任编辑：凌　敏

封面设计：魔杰设计

版式设计：袁　舒

责任校对：黄跃成　王春茹

书　　号：ISBN 978-7-5591-1589-8

定　　价：98.00 元

投稿热线：024-23284363

邮购热线：024-23284502

邮　　箱：lingmin19@163.com

http：//www.lnkj.com.cn

编著者名单

主　编　姜海燕　骆　叶

副主编　张旭东　林钰庭　邢臣径

主　审　徐金华　吴文育

参　编　邓　辉　孙　燚　陈淑君　张荷叶　周　珺

马晶波　沈征宇　徐永豪　林赖美枝

朱亚丽　张蔚思　范　浩　司婷婷　朱全超

马菁晶　吴近芳　张玉芳

主编简介

姜海燕

资深皮肤微整形注射专家

2004 年复旦大学医学院附属华山医院皮肤性病科临床技能型硕士研究生毕业，专攻激光美容、肉毒毒素注射、玻尿酸注射、胶原蛋白注射、埋线技术、女性私密敏感紧致 10 余年，代表中国与澳大利亚、德国、法国、美国、韩国等多个国家的著名注射大师切磋交流，多次赴海外进行学术交流和演讲，掌握综合的先进注射技术。

凭借扎实的临床医学理论知识、敏锐的审美以及出色的临床诊治经验，成为亚太地区知名的注射微整形领军人物之一。

购书链接
请用淘宝

购书链接
请用微信

微信公众号
颠倒众生频道
姜海燕

微博
皮肤－激光整形
院长姜海燕

提倡年轻化疗效显著的同时，
应维持原有面容的自然与生动。

- 现任上海简自美医疗美容门诊部医疗技术院长。
- 受聘于美国艾尔建公司，为肉毒毒素 BOTOX®（保妥适）和玻尿酸 JUVEDERM（乔雅登）注射培训导师。
- 受聘于高德美公司，为瑞蓝玻尿酸的专家组成员，可联合运用玻尿酸和胶原蛋白水光，改善油敏肌肤。
- 受聘为“双美胶原”专家团成员，为黑眼圈与眼周综合注射培训导师，最早提出“眼周问题鸡尾酒疗法”。
- 受聘于韩国韩士生科，为密特线的特聘线材与玻尿酸联合治疗讲师，是“less is more”理念的倡导者。
- 中国整形美容协会医美与艺术分会、注射美容与微整形专业委员会常务委员。
- 中国非公立医疗机构协会皮肤专业委员会委员。
- 中国非公立医疗机构协会皮肤管理委员会美塑学组委员。
- 中国整形美容协会损伤救治康复分会理事。

著作与译作

- 已出版：《关于微整形，你想知道的都在这里》
- 已出版：《你素颜最好看：水光、果酸、水杨酸、微针中胚层美塑疗法全攻略手册》
- 已出版：《光电抗衰消费者手册：皮秒、超声刀、热玛吉、Fotona 4D、酷塑一网打尽》
- 已出版：《新面部密码——肉毒毒素注射全方位攻略》（主译：姜海燕，骆叶；原著者：Altamiro　Flávio, DDs）
- 已出版：《新面部密码——皮肤填充剂注射全方位攻略》（主译：姜海燕，骆叶；原著者：Altamiro　Flávio, DDs）
- 即将出版：《新面部密码——面部美学注射解剖要点》（主译：姜海燕，骆叶；原著者：Ali Pirayesh，Dario Bertossi，Izolda Heydenrych）

已发表的文章

- 陈淑君，姜海燕，周珺，等. 胶原蛋白修复透明质酸注射治疗泪睑沟凹陷所致并发症的回顾性研究 [J]. 中国美容医学，2018，27（6）：31–34.
- H Jiang，J Zhou，S Chen. Different Glabellar Contraction Patterns in Chinese and Efficacy of Botulinum Toxin Type A for Treating Glabellar Lines: A Pilot Study [J]. Dermatol Surg, 2017, 00:1–6.
- Jiang HY, Chen S, Zhou J. Diffusion of Two Botulinum Toxins Type A on the Forehead: Double-Blinded, Randomized, Controlled Study [J]. Dermatol Surg, 2014, 40:1–9.

徐金华

医学博士 / 主任医师 / 教授 / 博士生导师

1985 年 7 月毕业于上海医科大学医疗系

1985 年 8 月至今在复旦大学附属华山医院皮肤科工作，现任复旦大学附属华山医院皮肤科主任

上海市皮肤病研究所所长

中华医学会皮肤性病学分会副主任委员

上海市医师协会皮肤科医师分会会长

入选上海市优秀学科带头人和上海市领军人才计划

获上海市第二届仁心医者杰出专科医师奖

2018 年获第二届“国之名医 · 卓越建树”荣誉称号

长期从事免疫性皮肤病、过敏性皮肤病和性传播疾病研究工作，发表论文 100 余篇，其中 SCI 论文 58 篇。“系统性红斑狼疮免疫治疗新策略”项目获 2015 年上海医学科技奖一等奖。

吴文育

医学博士 / 主任医师

1995 年本科毕业于上海医科大学临床医学系

2003 年博士毕业于复旦大学皮肤病学与性病学系

2006—2007 年，在加拿大英属哥伦比亚大学附属温哥华总院皮肤科任访问学者，现任复旦大学附属华山医院皮肤科副主任、皮肤外科主任、美容注射中心主任

中国整形美容协会全国理事

中华医学会医学美学与美容学分会全国委员

中国非公立医疗机构协会皮肤科专业委员会副主任委员

中国整形美容协会毛发医学分会副会长

中国整形美容协会医美与艺术分会副会长

上海市医学会皮肤性病学分会副主任委员

上海市医学会医学美学与美容分会副主任委员

2012 年获“中国皮肤科医师奖”——优秀中青年医师奖

2018 年获第二届“国之名医·优秀风范”荣誉称号

长期从事毛发疾病的诊断和治疗，痤疮、白癜风等美容性皮肤病的内外科联合治疗，以及肉毒素除皱、瘦脸和玻尿酸填充等注射美容。

在国内外杂志上发表论文 75 篇（其中 SCI 文章 33 篇），主编及参编专著 15 部。

序

去年，我的处女作《关于微整形，你想知道的都在这里》出版 2 个月就销售一空了。

大家对医美项目“期待又怕受伤”的心情可见一斑。作为资深医美医生，能用“医生讲人话”的方式把一些正向和真实的信息传达给求美者，我觉得很幸福。去年的书出版以后，在和很多读者的交流中，我发现，大家会觉得注射、线雕这些“微整形”是个深不见底、看不明白的“坑”，爱之怕之的同时，却对一些包装得不那么“医疗”，包括在很多非医疗机构开展得风生水起的所谓“皮肤管理”项目毫无警惕，比如水光针、果酸、水杨酸、微针治疗等。“水光针不就是用来保养皮肤层的吗？能有什么风险”“用果酸、水杨酸换肤太常见了，所有美容院都有好不好！”“微针不就是‘滚一滚’嘛，某宝上买一套自己在家也可以用”……

大量的生活美容机构、工作室，甚至是“朋友圈医美”，在把以上项目进行了接地气的包装之后，肆无忌惮地开展相关项目。而实际上，这些项目是否适合你做？你应该怎么做？这些问题都应该由专业的皮肤科医生来解答并对症治疗。

本书的第一部分，将和大家聊一聊目前“鱼龙混杂”的水光针市场并答疑解惑。当前，许多美容院、美发店、各种名目的工作室都在“打水光”，还有所谓的“护士”上门“打水光”！你们想过吗？如果微整形注射时出现失误，受累的可能只是面容的一个局部，但是水光注射失败呢？毁的却可能是整张脸哦！所以，我将带着大家跟我一起理顺水光针的“治疗思路”。比如：国产水光针和进口水光针有区别吗？目前市场上比较常见的水光针品牌有欧美派、国产派、韩国派，该如何选择？水光针中的玻尿酸到底有交联的好，还是没有交联的好？双美胶原、瑞蓝·唯瑅、菲洛嘉、英诺小棕瓶、三文鱼普丽兰该如何区别和选择呢？等等。以上这些内容，不仅仅使消费者很容易陷入误区，甚至很多医生都不甚清楚。

本书在第二部分科普了水杨酸和果酸的知识。“酸”的市场更大，护肤品中含“酸”的比比皆是，某宝上的产品更是“良莠不齐”。虽然因为“酸”使用不当而“坏脸”的求美者不计其数，但是，“坏脸”的锅不能让“酸”来背。其实“酸”是个祛痘换肤的神器。所谓“甲之蜜糖，乙之砒霜”。该如何善用换肤神器呢？

最后一章，跟大家聊一聊“微针——滚针”。“滚针”曾一度风靡中国香港和内地，首先，希望大家有起码的简单认知：会见到血的任何治疗，都应该在医院执行。而滚针作为一种帮助有效成分进入皮肤的方式，它所涉及的，绝不仅仅是“滚一滚”。

希望凭借“书”这种更具权威性的传播，能够让广大求美者更“懂”医疗美容，能够尽量避免因为信息不对称而导致的“踩坑”，真正做到“美得聪明”。

推荐序 1

皮肤的状态好坏，对于颜值的影响不言而喻。拍照片时“美颜”“滤镜”的效果是我们对皮肤干净度和剔透度的完美追求。生活中很多人“不遮瑕出不了门”，遮瑕、粉霜、粉底、散粉……一层层往脸上招呼之后，那种厚重和不透气的感觉，在夏天，真的很折磨人的。而且，厚重的遮盖不仅堵毛孔、伤皮肤，还会让皱纹细纹看上去更明显！

爱美的人们都希望皮肤状态好，白皙透亮，化妆的时候只需要很简单地打底，不需要层层遮盖，实现“粉底自由”“任性素颜”。

本书从水光针讲到果酸、水杨酸和微针疗法，作者由浅入深，娓娓道来，“医生讲人话”，致力于把深奥的产品知识与医学理论用浅显易懂的方式进行阐述。

以水光针为例，姜医生除了科普了市面上常见的水光材料，如胶原蛋白、英诺小棕瓶、菲洛嘉、瑞蓝·唯瑅等，水光注射前后的注意事项、痛感、修复期，还介绍了水光针头和水光设备的真假鉴别，甚至解释了手打和机打水光如何配合，等等。本书切合临床和消费者需求，为消费者解惑答疑，助力于医美市场健康发展。

作为主编曾经的老师，我为有这样的学生感到骄傲与自豪，并以此序向广大“求美者”推荐这本好书。

推荐序 2

吴文育

我很荣幸受姜海燕医生邀请为本书作序。之所以大家对医美类的科普感兴趣，实际上是关注如何找到正确和安全的变美方式。因为所有理智聪明的求美者，对医疗都怀有敬畏之心，安全和有效在他们看来同样重要。

医美市场近些年来高速发展，带来大量的信息和所谓“新技术”“明星产品”，在缺乏准确详尽的说明与科普的情况下，求美者在医美道路上摸爬滚打，其实是很有可能走弯路甚至“掉坑”的。

医美，最根本的诉求是“美”。那么究竟怎样才是美，美的标准是什么，每个人有不同的理解。有很多人执念于区分自己属于“骨相美”还是“皮相美”，也有很多人沉迷于做一些伤筋动骨的改变。而我想说的是，美的根源是健康，“骨相”和“皮相”之间本来就不应该是相争的关系，而是相互加成的关系。有些人骨骼立体一些，有些人皮肤五官精致一些，大家都可以是漂亮的。而无论你属于哪种类型，健康的皮肤，都是加分项。

这本书起名叫“你素颜最好看：水光、果酸、水杨酸、微针中胚层美塑疗法全攻略手册”，主要有两层含义：第一，这是一本讲皮肤管理的书，科学的皮肤管理会令我们的素颜健康又美丽；第二，希望大家更多地面对素颜，也就是本真的自己，把那些美颜、滤镜带来的虚假的满足感抛掉，真正为自己的皮肤健康、自然之美做正确的事。

在这本书里，作者选取了一些最为常见的皮肤问题，采取问答的方式，用通俗易懂的语言进行阐述，也将一些市面上用得很多，但是求美者却未必“知其然”的治疗方法进行了解答和科普，相信求美者一定能从中受益良多。

最后，预祝此书的出版能让更多的人科学安全地变美。祝愿每一位有缘翻开这本书的你——素颜最好看！

目 录
contents

/ 你想知道的水光“真”相 ……001

/ 第一部分 水光概念大科普 ……003

1. 什么是水光针? ……004
2. 常见水光针的成分有哪些? ……005
3. 什么是“涂抹式水光”? “涂抹式水光”可以替代水光针吗? ……006
4. 无针水光和有针水光的区别是什么? ……007
5. 水光机有哪些品牌? 品牌之间有什么差异? ……009
6. 水光针是机打好还是手打好? ……011
7. 为什么“全脸都手打水光针，医生太难了，求美者也得不偿失”? 很多医生是面部机打，眼周再手打加强，这样做有什么道理吗? ……014
8. 水光针里的玻尿酸与填充注射用的玻尿酸一样吗? ……016
9. 各种品牌的玻尿酸水光针有何不同，国产和进口玻尿酸水光针有何区别? ……019
10. 我们来了解一下，瑞蓝·唯瑅这款目前市场上唯一的大牌玻尿酸水光针产品吧! ……021

11. 为什么水光针的价格从几百元到几千元差别这么大？……………024
12. 在美容院能打水光针吗？自己在家里可以打水光针吗？…………025
13. 我听说很多水光针的针头都是假的，是吗？…………………………026
14. 给大家介绍一款专门用于手打水光针的针头
——Nanosoft 智能美塑针针头………………………………………………029
15. 肉毒毒素可以加在水光针里吗？水光针里的肉毒毒素主要能起什么作用？………………………………………………………………………………030
16. 一次水光针里面放多少单位的肉毒毒素（保妥适）最合适啊？………………………………………………………………………………031
17. 很多医生说不能每次打水光针都加肉毒毒素，肉毒毒素注射太频繁的话会产生耐药性吗？………………………………………………032
18. 听说三文鱼都可以做美容了，是怎么回事？目前流行的“婴儿针”又是什么？………………………………………………………………034
19. “婴儿针”有哪些品牌？我应该怎么选？…………………………………036
20. 听说胶原蛋白水光可以美白、嫩肤、缩小毛孔，为什么？……038
21. 胶原蛋白水光用“肤柔美”还是“肤丽美”？这两款产品有什么差别吗？…………………………………………………………………………042
22. 现在流行的菲洛嘉、英诺小棕瓶、三文鱼普丽兰等，与以往的水光针有什么区别吗？…………………………………………………………043
23. 打童颜水凝水光针有效果吗？………………………………………………045
24. 我看见微博上有人给头发打水光针，是真的吗？……………………046
25. 打水光针之前一定要做 Visia 皮肤检测吗？……………………………047

/ 第二部分　水光注射的适应证与效果……………049

26. 哪些皮肤问题可以通过打水光针来改善？……………………………050

27. 哪些人不适合打水光针？……051
28. 一次水光针治疗抵敷 1000 张面膜，真是这样吗？……052
29. 我毛孔粗大，皮肤出油多，打水光针可以改善吗？……054
30. 市面上很多款水光针都宣传具有美白功效，水光针真的可以美白吗？……056
31. 孕期、哺乳期、月经期可以打水光针吗？……058
32. 我脸上有很多痘痘，可以打水光针吗？……059
33. 敏感肌肤者可以打水光针吗？……060
34. 眼部的细纹可以通过打水光针去除吗？……063
35. 背部的痘痘也可以通过打水光针治疗吗？……064
36. 妊娠纹可以通过打水光针改善吗？……065
37. 什么是手部水光注射？哪款水光最适合手部注射？……067
38. 什么人适合使用瑞蓝·唯瑅？……070
39. 打水光针对头发稀疏、头皮太油有效果吗？……072
40. 颈纹可以通过打水光针治疗吗？……073
41. 水光注射可以和肉毒毒素注射、填充剂填充、线雕提升一起做吗？……075
42. 水光注射可以和光电项目一起做吗？……077
43. 水光针治疗好还是热玛吉、超声刀治疗好？……078
44. 年轻人是不是不应该打太贵的水光针，不然以后老了就不知道打什么了？……079
45. 水光针中的成分搭配越多，效果越好吗？……081

/ 第三部分　水光注射的体验感与不良反应……083

46. 打水光针会很痛吗？治疗完会不会满脸针眼？……084

47. 打水光针前敷麻药膏的时候皮肤就发红了，怎么办？……………086
48. 注射水光的无菌安全操作措施有哪些注意要点？……………………088
49. 手打注射比较疼还是机打注射比较疼？…………………………………090
50. 打水光针会流血吗？严重吗？………………………………………………091
51. 打水光针出血越多，效果越好？……………………………………………092
52. 打水光针的过程中，一定会漏液吗？……………………………………093
53. 打一次水光针大概需要多长时间？…………………………………………095
54. 打完水光针，必须敷面膜吗？需要很频繁吗？…………………………096
55. 水光针打完多久可以见效？……………………………………………………098
56. 打了水光针后脸上有小鼓包，多久可以消退？…………………………099
57. 为什么我打完水光针脸都肿了？……………………………………………101
58. 打完水光针后的注意事项有哪些？…………………………………………102
59. 打完水光针，需要更换护肤品吗？…………………………………………104
60. 打完水光针多久可以化妆？……………………………………………………107
61. 每个月都可以打水光针吗？……………………………………………………108
62. 水光针效果可以维持多久？……………………………………………………109
63. 为什么我打完水光针之后，面部色斑比以前要严重？…………………111
64. 我做了水光针治疗，以后不做了，皮肤会不会比没做之前更差？……………………………………………………………………………………112
65. 打水光针会上瘾吗？……………………………………………………………114
66. 为什么我打完水光针之后皮肤泛黄？………………………………………115
67. 为什么我打完水光针之后毛孔变粗了？……………………………………116
68. 为什么打完水光针有些人的脸很快就不肿了，我的脸要肿好几天？……………………………………………………………………………………117
69. 我打了水光针感觉皮肤更干了，是怎么回事？…………………………118
70. 为什么有些人打完水光针后会爆痘呢？……………………………………120

/ 战痘人生，机关“酸”尽 ······123

1. 什么是“刷酸”？······124
2. 酸（换肤剂）的种类非常之多，都有哪些常见种类的酸呢？······126
3. 果酸有什么作用？原理是什么？······128
4. 什么是水杨酸？水杨酸和果酸有什么区别？该如何选择？······131
5. 什么是“超分子水杨酸”？它和一般的水杨酸有什么不一样吗？······133
6. 为什么水杨酸可以有效治疗痘痘，尤其是炎症期的痘痘？······135
7. 刷酸会让皮肤越来越薄吗？······137
8. 刷酸可以治疗痘痘，对痘印有效吗？······139
9. 敏感肌肤可以刷酸吗？······141
10. 肤色暗沉、黄褐斑可以通过刷酸治疗吗？······143
11. 身上的“鸡皮肤”可以通过刷酸来改善吗？······145
12. 刷酸可以消除白头、黑头，让毛孔变小吗？······147
13. 我买的护肤产品中含有的“酸”成分与医疗机构中用的“酸”一样吗？······149
14. 我可以买果酸，自己在家里刷吗？······151
15. 我在吃异维 A 酸，可以刷酸吗？······153
16. 刷酸后皮肤会脱皮结痂吗？······156
17. 刷酸后皮肤有刺痒、发红、发热的感觉，正常吗？······159
18. 为什么有些人刷酸后，脸上痘痘反而增多了？······161
19. 刷酸后多久痘痘开始改善？······163
20. 用果酸、超分子水杨酸换肤后需要防晒吗？······164
21. 刷完酸多久可以化彩妆？······166

22. 多久刷一次酸效果最好呢？ ……………………………………167
23. “酸”这种换肤剂可以长期使用吗？ ………………………169
24. 关于“头皮护理”你不可不知的那些事……………………171

/ 你可能对微针的力量一无所知 ……175

1. 微针是什么？有什么作用？ ……………………………………176
2. 微针治疗和水光针治疗一样吗？主要适应证是什么？ ………178
3. 微针治疗的深度是越深越好吗？恢复期怎么样？ ……………180
4. 我面部肌肤敏感好多年了，安多可微针还可以治疗肌肤敏感吗？ ……………………………………………………………182
5. 微针和点阵激光治疗痘坑哪个效果好？ …………………………184
6. 英诺小棕瓶和激光治疗哪个美白效果更好，两者的效果有什么区别？ ……………………………………………………………186
7. 英诺小棕瓶成分很简单，水光针里加维生素 C 是不是功效也一样？ ……………………………………………………………188
8. 英诺小棕瓶治疗后会和激光治疗后一样返黑吗？ ……………190
9. 英诺小棕瓶与其他美塑产品菲洛嘉（NCTF）、丝丽有什么不一样？ ……………………………………………………………192
10. 英诺小棕瓶的效果会一劳永逸吗？停止使用后皮肤会不会变得比之前更差？ ……………………………………………………194
11. 微针治疗可以自己在家做吗？ …………………………………196
12. 为什么我做完微针治疗后皮肤反而更糟，痘痘更多了？ ………198
13. 微针治疗后皮肤会不会敏感？ …………………………………200
14. 做微针治疗后，会不会返黑呀？ ………………………………201
15. 微针治疗后的注意事项有哪些？ ………………………………202

16. 微针治疗有禁忌证吗？……204

/《关于微整形，你想知道的都在这里》补充内容……205

1. 肉毒毒素注射多了会中毒吗？那同时打瘦腿针、瘦脸针、瘦肩针会中毒吗？……206
2. 交联剂 BDDE 是否与玻尿酸的“组织相容性”相关？玻尿酸注射的排异反应是否与交联剂有关？……207
3. 乔雅登因为凝聚力较好，会不会在组织里凝聚成一团，造成皮肤表面看起来不自然？……209
4. 乔雅登极致和乔雅登丰颜的临床差别？……211
5. 玻尿酸注射后会出现红肿、结节、移位、不平整等情况，如何避免和预防？……212
6. 玻尿酸注射部位反复长痘是什么原因？该怎么处理？……214
7. 如果注射玻尿酸后产生了丁达尔现象，该怎么处理？……216
8. 胶原蛋白和玻尿酸可以同时配合注射吗？……219
9. 玻尿酸溶解酶会致敏吗？如果对溶解酶过敏该如何处理？……221
10. 听说乔雅登又有新产品进入中国市场了，能科普一下吗？……223
11. 乔雅登家族有这么多兄弟姐妹啦，雅致、极致、丰颜、缇颜，该如何搭配使用？他们之间主要的差异点在哪里？……224

你 想 知 道 的
水光“真”相

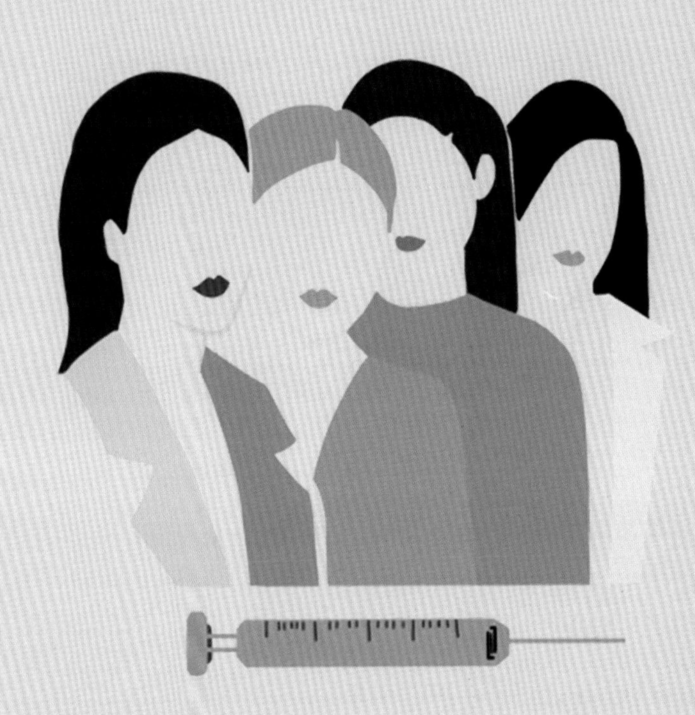

第一部分　水光概念大科普

1. 什么是水光针？

水光针治疗是一种注射类的医疗美容操作。

水光针治疗主要是通过微针注射 / 负压针向皮肤真皮层注入不同功效的营养成分（如玻尿酸、胶原蛋白、氨基酸等物质），使皮肤变得紧致而富有弹性，水润且有光泽。

水光针剂可以由医生根据求美者个人肤质的不同需求，量身定制配方，玻尿酸是其最常用的成分之一。另外，可以加入少量维生素 C 和还原型谷胱甘肽进行美白、抗氧化；也可加入少量肉毒毒素细致毛孔、平滑肌肤、减少油脂分泌；还可以加入胶原蛋白，增加皮肤的亮度、厚度和弹性。

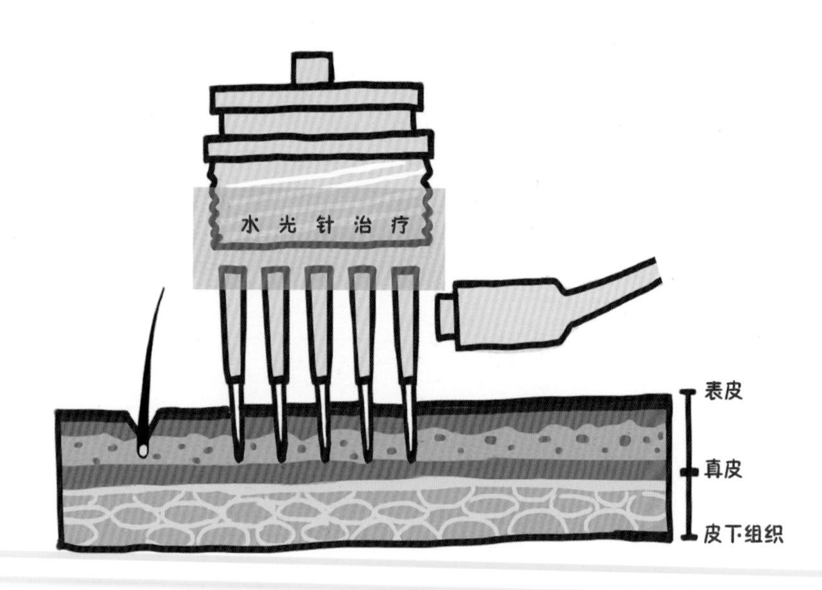

2. 常见水光针的成分有哪些？

水光针的成分如今已经越来越多。

一开始，水光针的成分只是单纯的非交联玻尿酸、小颗粒交联玻尿酸。

后来逐步发展成玻尿酸 + 各种不同功能的营养成分（如肉毒毒素、氨甲环酸等）。

如今水光针又有了菲洛嘉（NCTF）水光、胶原蛋白水光、三文鱼水光、自体 PRP 水光、英诺小棕瓶水光等添加了不同成分的产品。

我们会在后面一一向大家科普。

3. 什么是"涂抹式水光"？"涂抹式水光"可以替代水光针吗？

"打水光针要在脸上扎很多针眼，那岂不是很痛？现在有涂抹式水光哦，轻轻涂一涂就可以了，都叫作水光针，效果应该也不差吧？"

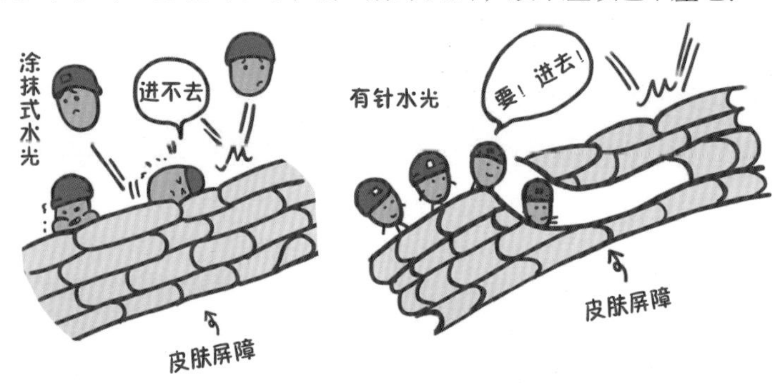

这里我只能告诉你 No、No、No。虽然都是水光针，两者的差别还是很大的，我们皮肤表面的"城墙结构"（也就是我们说的皮肤屏障）能有效阻止绝大多数化学物质的穿透。

有针水光就是在这个城墙上打出通道，把营养物质输入皮肤深层；另外，通过水光针针刺作用，可启动皮肤损伤后再修复系统，刺激胶原蛋白再生。

而涂抹式水光是水光针的简化版，因为很多求美者怕痛，又没那么多时间和资金经常去医院打水光针，涂抹式水光就应运而生了。它是将针管中的透明质酸的保湿精华直接涂在脸上。优点是方便快捷，但这些营养成分大多不具备渗透到皮肤底层的能力，其实就是类似平时用的保湿精华。与有针水光相比，它的补水效果比较弱，效果持续时间比较短，也没有刺激皮肤胶原蛋白增生的效果，只能当作日常保养品使用。

4. 无针水光和有针水光的区别是什么？

说到补水，就不得不提到水光针，现在市面上有关水光的产品可真多，如水光针、无针水光、涂抹式水光、水光面膜等，让人分不清楚。前面我们说了涂抹式水光和水光针的区别，这里我们就分析一下无针水光和有针水光有什么不同。

大家已知道我们皮肤表面是有屏障的，一般的护肤品很难进入表皮深层和更深的真皮层，其所谓的美白、保湿等功效也就可想而知了。

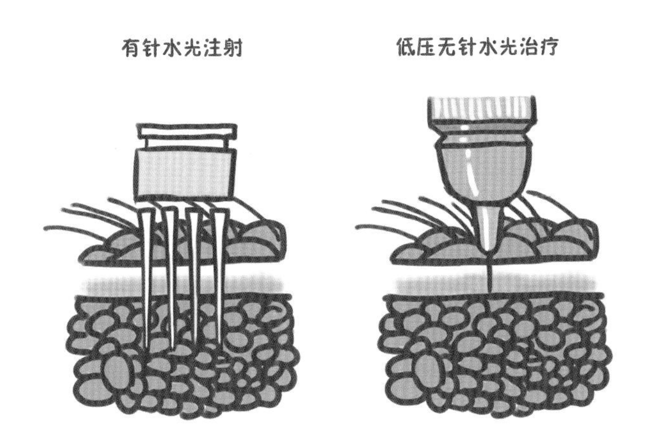

有针水光注射，也称真皮内注射术（Intradermal Injection），属于美塑疗法（Mesotherapy）。我们通常所说的打水光针就是通过专业的水光注射仪器，将小分子的玻尿酸、氨甲环酸、肉毒毒素等物质通过极微小的针头多点注射至真皮浅层，同时刺激胶原蛋白生成，从而有效延缓皮肤因胶原蛋白减少和缺水而引起的衰老症状的一种技术。就是在皮肤上创立无数个微小通道，把涂在皮肤表面不容易被吸收的玻尿酸和有效成分直接注射到皮肤的真皮层！

无针水光治疗是利用仪器产生的气压将有用营养输送到表皮层。之所以能进入皮肤表皮层，是因为营养液气流会被加速到200m/s 的速度，在高压区的皮肤会形成一个凹面，随着皮肤的拉伸，皮肤外层会扩张，在扩张之下营养液成分就能够被导入，无针水光的治疗深度可以达到皮肤表皮的基底层，但是不可能达到真皮层。

由于作用层次不同，相对于无针水光，有针水光的补水效果更好、维持时间更久，但作为日常保养，无针水光也是不错的选择。

5. 水光机有哪些品牌？品牌之间有什么差异？

目前市面上获得中国国家药品监督管理局（NMPA）认证的水光机只有两个品牌，即德玛莎和颜层。

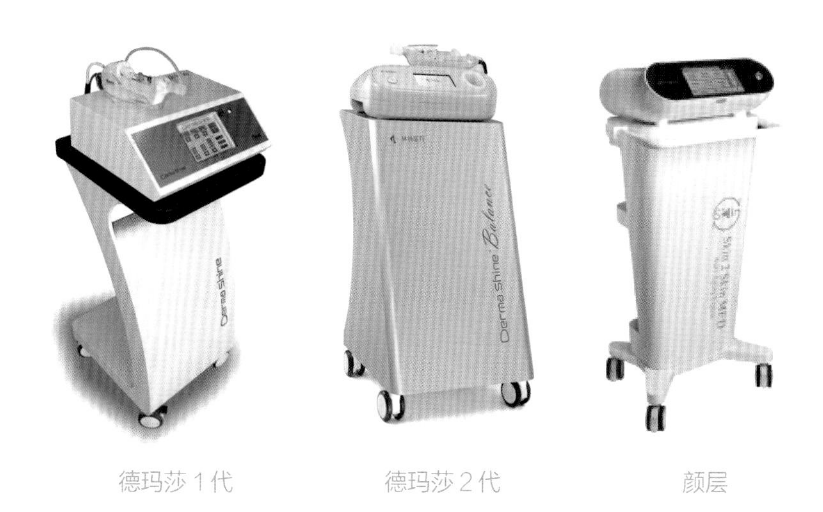

德玛莎 1 代　　德玛莎 2 代　　颜层

在颜层上市之前，水光设备市场中唯一的正规军就是德玛莎。近期笔者用过颜层后，喜欢上了这款崭新的水光设备：

（1）负压吸引力随意调节：有 10 挡可调挡位。经常进行注射水光操作的医生知道：负压吸引力大了，皮肤容易出紫癜；负压吸引力小了，容易漏药。而临床中不同的肤质、同一张脸不同的部位、不同的水光针配方，需要的负压吸引力差异很大，颜层的 10 挡可调负压太符合临床需要了。

（2）注射发数可调且范围大：10 ~ 180 发，如此大的可调范围，可以充分满足各种临床需求。

（3）前置过滤装置：更方便实现一客一换，避免污染和感染。此过滤装置适用于所有水光设备。

（4）超大屏幕，全中文界面，触屏灵敏度高。

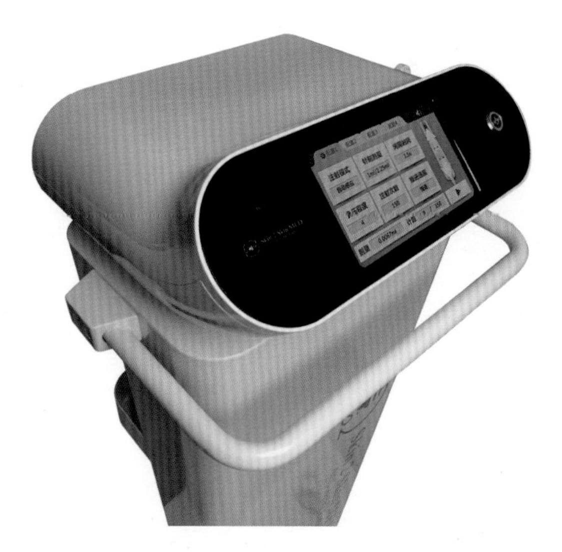

总的来说，新上市的颜层设备即面部注射泵更加人性化和智能，能够满足各种临床需求。

6. 水光针是机打好还是手打好?

水光针不论是手打还是机打，都是为了将营养物质直接补充到肌肤内，解决了一般涂抹方法中营养物质吸收不了的难题。

水光针的手打和机打各有好处。常用的水光机都是多针头注射，常用5针头和9针头。机打操作简单迅速，几分钟就能完成，可定点定量注射，针头分布间隙更均匀，长度和注射深度一致。大家肯定觉得机打会漏药很多，对吗？其实漏药完全可以通过调配设备参数、使用优质的注射针头、提高医生注射技术来杜绝。

想看具体操作视频的朋友，可以微信扫描下图二维码，关注作者微信公众号，大量操作视频均有呈现。

接下来，我们先来详细分析一下影响机打漏药的主要因素：

（1）设备负压：多针头注射，因为人的面部不是一个平坦的平面，所以水光针设备一般配有负压吸引的功能，使皮肤与针头贴合紧密以保障各个针头在面部的注射深度基本一致。像鼻部这种特殊部位，可以适当调深注射针头，或增大负压吸引力，医生再用左手适当地把鼻部皮肤压向水光针头，让水光针吸牢皮肤后再注射，可以有效减少漏药。

（2）注射针头的选择：目前正规水光针头只有德玛莎的针头。颜层的针头是梅花针，预计 2020 年底会得到 NMPA 认证，此款针头我们后面会专门讲解。

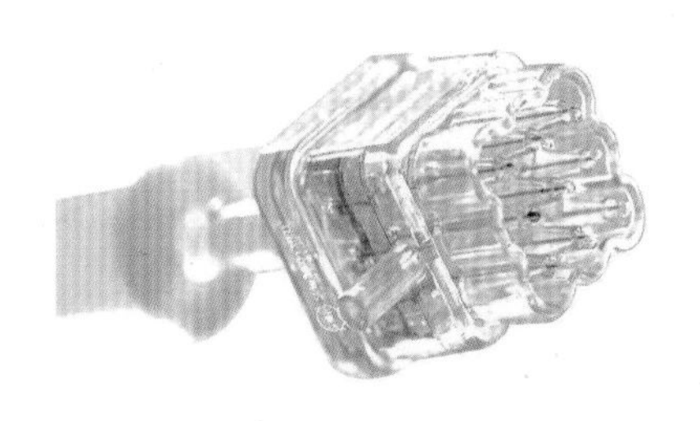

（3）出液量设置：以 9 针头为例：

- 较为稀薄的水光液：德玛莎的针头，建议出液量< 0.05mL/发；颜层的梅花针，建议出液量< 0.06mL / 发。
- 较为黏稠的水光液：这种水光液虽然不易漏液，然而为避免发生皮肤鼓包，建议出液量< 0.05mL / 发。
- 建议水光液不要太稀薄，也不能太黏稠。

（4）医生注射技巧：就像前面讲到的，鼻子是最难的注射部位，但是鼻子却是全面部毛孔最粗、最易藏污纳垢的地方，这个位置是必须要好好“打打”的！“心灵手巧”是微整形医生的必备技能。

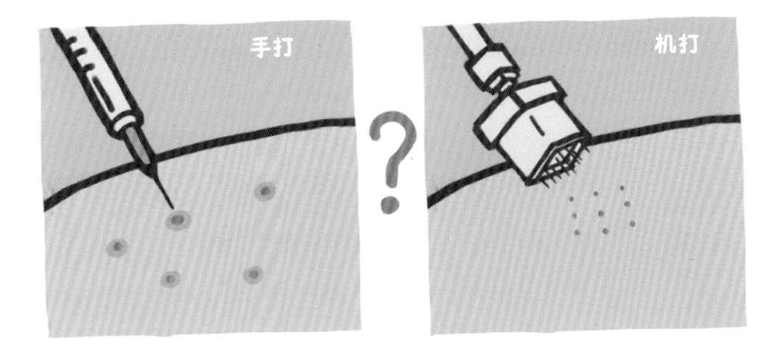

我们接下来聊一聊手打水光针吧。

手打水光针的优点是不会出现漏液的情况，更适合用于比较敏感脆弱的部位，比如眼周、嘴角等，可以根据不同求美者的皮肤状态和诉求而进行随时调整。

缺点是对医生的技术娴熟度要求很高，需要医生注射手法平稳且均一，要保证均匀度和注射深度尽量精准；一旦医生技术欠佳，有可能会发生皮肤淤青、针孔明显等情况。另外，手打水光针比较费时，疼痛感也会明显一些，而人对疼痛的忍耐是有时间“极限”的。针扎的小刺痛，忍 5 分钟还好，15 分钟就会接近忍耐力的“极限”，如若被“扎”超过 20 分钟，整个手打过程就会很“痛苦”，而全脸手打水光针往往需要 20 ~ 30 分钟。

如果想选择全面部手打水光针，简称“手针”，请选择手法熟练的皮肤科微整形医生操作。

7. 为什么“全脸都手打水光针，医生太难了，求美者也得不偿失”？很多医生是面部机打，眼周再手打加强，这样做有什么道理吗？

一、医生的难处

水光针治疗的常用剂量是5mL，以下用数据说话：

机打：如果是9孔水光针针头，全面部会注射100下，共900个微细针眼，900针的话，每针出液量≈0.0056mL！！！而且深度几乎统一在1mm深。

手打：医疗常用的注射器是1mL，这1mL的水光液医生就要手打180下，5mL的水光液就要手打900下，并且每一下出液量要精确到0.0056mL，这完全没有可能！所以手打水光针往往会把5mL水光液分散为200~300下注射完，单针剂量为0.017~0.025mL，注射深度为1~1.5mm。

综上可见，机打的精准性是手打不可能做到的。全手打，费时费劲，还容易造成皮肤淤青，求美者不开心，医生也不开心。

二、求美者的难处

本来机打 100 下就能打完全脸，而手打水光针硬生生多扎了 2~3 倍的针数，疼痛的次数翻倍了，需要忍受疼痛的治疗时间也翻倍了！还可能出现淤青，更容易被别人怀疑甚至发现自己“打针”了！

所以推荐大家面部、鼻部用机打水光针，更匀、更快、更不痛、不淤青，眼周可以用手打水光针加强。有经验的医生往往会采取机打和手打结合的方法。

8. 水光针里的玻尿酸与填充注射用的玻尿酸一样吗？

水光针的主要成分是玻尿酸，我们填充苹果肌，注射下巴、额头用的材料不也是玻尿酸吗？这两者是一种东西吗？

玻尿酸大家族里有很多兄弟姐妹，有注射关节内的，有注射皮肤的，有填充注射面部的，还有涂抹外用的……每种玻尿酸之间也是千差万别。这里我们就讲讲水光针用的玻尿酸和填充注射用的玻尿酸之间的差别。

一、成分不同

水光针里除了玻尿酸还会添加别的有效成分，例如菲洛嘉里会有各种酶、氨基酸、微量元素等，英诺小棕瓶里会加入还原型谷胱甘肽、硫辛酸等成分。而填充注射用的玻尿酸只是交联玻尿酸。

二、分子量不同

水光针用的玻尿酸一般是微小分子玻尿酸，而填充注射用的玻尿酸有大、中、小分子。一般说来，分子越大，支撑性越好。

三、交联程度不同

玻尿酸在体内很快就会被机体代谢掉，如何起到长期塑形填充的作用呢？这里就不得不提到交联剂。交联剂就是让玻尿酸分子之间“手拉手”，这样就不会轻易被降解掉。

填充注射用的玻尿酸是交联玻尿酸，而水光针中的玻尿酸是非交联玻尿酸，或少量交联玻尿酸。

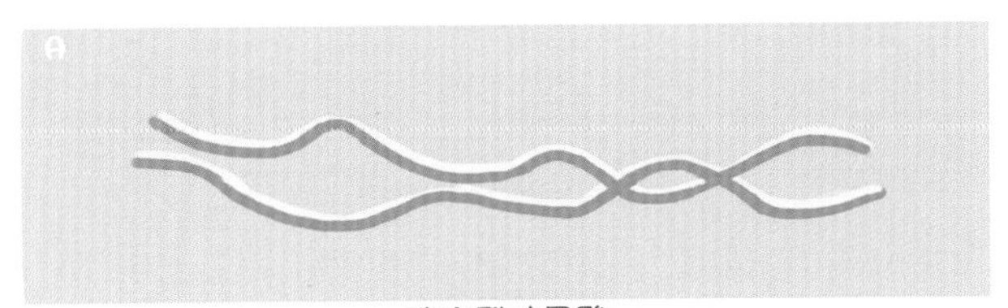

非交联玻尿酸

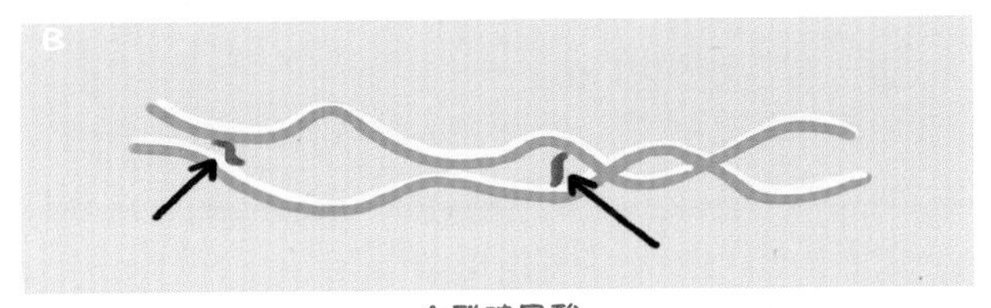

交联玻尿酸

四、注射层次不同

水光针中的玻尿酸注射层次是真皮层，而填充注射用的玻尿酸一般注射层次比较深，当然用来改善浅表深皱纹时填充型的玻尿酸也会被填充注射到真皮深层及皮下。

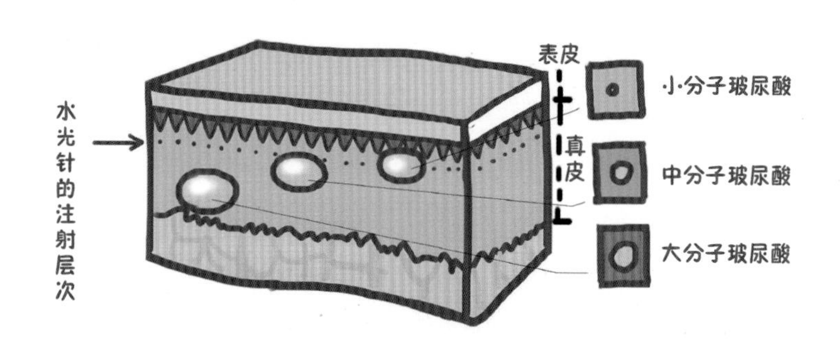

五、维持时间不同

水光针中的玻尿酸维持时间为1~6个月，而填充注射用的玻尿酸根据分子量大小和交联程度的不同可以维持6~24个月。

六、功效不同

填充注射用的玻尿酸可起到填充作用，比如隆下巴、隆太阳穴、填充额头等，小分子的玻尿酸也可用来填充浅表皱纹。而水光针中的玻尿酸使用的是小分子非交联玻尿酸，或含有少量的交联玻尿酸，并没有填充作用，只有保湿嫩肤的作用。

9. 各种品牌的玻尿酸水光针有何不同，国产和进口玻尿酸水光针有何区别？

琳琅满目的水光针品牌可能会让你困惑，该选哪一种呢？

目前市场上比较常见的水光针品牌有：

（1）欧美派：瑞蓝·唯琨。

（2）国产派：蔓百薇、润百颜、润月雅。

（3）韩国派：东国、百洛娜、丽珠兰。

市面上最常见的还是国产水光针，因为进口水光针有许可证的不多。国产的润百颜就是小分子非交联玻尿酸水光针，而蔓百薇是微交联玻尿酸水光针，相对于非交联玻尿酸，微交联的玻尿酸的降解吸收时间更长，所以效果维持时间更久。

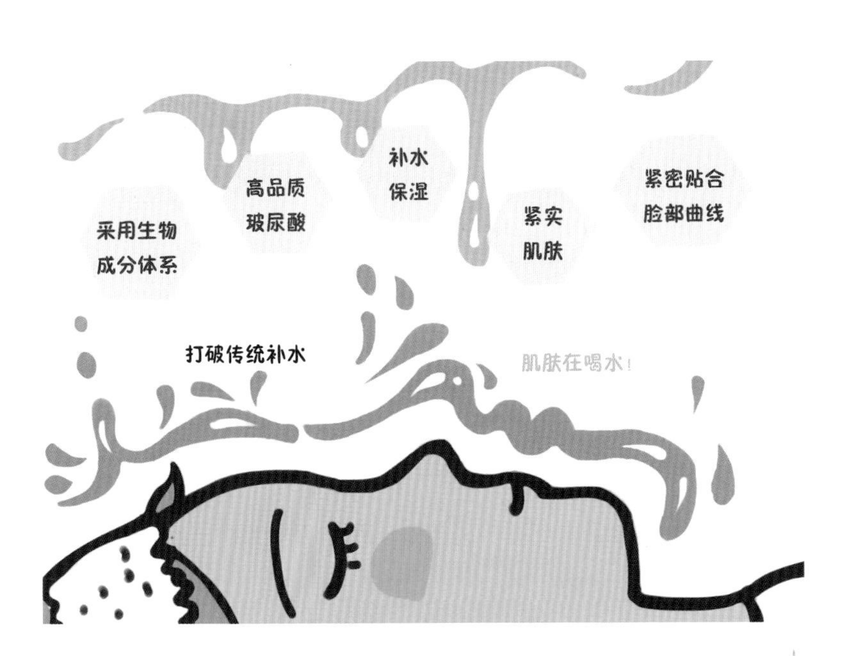

在这里，笔者不想讨论韩国派，因为韩国的玻尿酸制药工艺并不比国内好多少。在玻尿酸的制造领域中，笔者更喜欢欧美品牌，如瑞蓝旗下的一款全新水光针产品瑞蓝·唯瑅。

瑞蓝作为老牌玻尿酸品牌，相信大家对它都非常熟悉，全球第一支玻尿酸就出自瑞蓝。瑞蓝系列的填充类和塑形类玻尿酸产品已在全球广泛应用，有非常好的口碑，安全性也非常好。

10. 我们来了解一下，瑞蓝·唯瑅这款目前市场上唯一的大牌玻尿酸水光针产品吧！

瑞蓝·唯瑅作为 NMPA 唯一批准用于改善皮肤质地的进口小颗粒交联透明质酸产品，可谓是正规的械字号产品。

瑞蓝·唯瑅的中国注册临床研究显示，其持续效果可长达 15 个月之久，远远超过目前国内市面上的其他水光针品牌。且国外文献报道，该款产品能够改善皮肤的结构，人体体内研究证实，该产品能促进胶原蛋白的生成，修复受损的皮肤结构，进而改善皮肤的外观。

瑞蓝·唯瑅 ——“肌肤焕活针”
- NMPA批准的三类医疗器械
- 通过重塑真皮深层的皮肤结构，显著改善包括粗糙度、含水量和弹性等在内的皮肤外观
- 进口小颗粒交联透明质酸

瑞蓝·唯瑅虽然在国内刚刚上市，但在国外，早在 2004 年瑞蓝·唯瑅就于欧美国家陆续上市，并于 2006 年在中国台湾地区以及韩国、日本等亚洲国家获批。其全球获批的适应证范围较广，包括修复面颊、手背、颈部、前胸、口周等部位的细纹和痤疮瘢痕等，且瑞蓝·唯瑅已被德国、意大利等多个欧洲权威指南推荐用于改善皮肤细纹和质地。

自获批以来，瑞蓝·唯瑅的应用在全球已累计超过 15 年，超过 550 万次临床注射，积累了大量临床证据，安全性佳，受试者满意度高达 95.5%。

瑞蓝·唯瑅

产品规格	1mL/ 支
主要成分	20mg/mL 稳定性透明质酸
产品用途	改善皮肤的粗糙度、含水量和弹性
注射层次	真皮深层
针头规格	3 枚灭菌 30G 锐针
推荐治疗方案	每次 2mL，3 次治疗，分别间隔 4 周

瑞蓝·唯瑅如此卓越的疗效缘于它的 NASHA 独特凝胶特征：它是一款小分子交联透明玻尿酸（化学交联程度低，仅为 1%，可维持大量的天然透明质酸分子结构及自然交联），并且有低凝胶修饰度。目前很多医生使用它来做手部和面部注射，在手部和面部年轻化治疗中效果很显著。

案例展示：

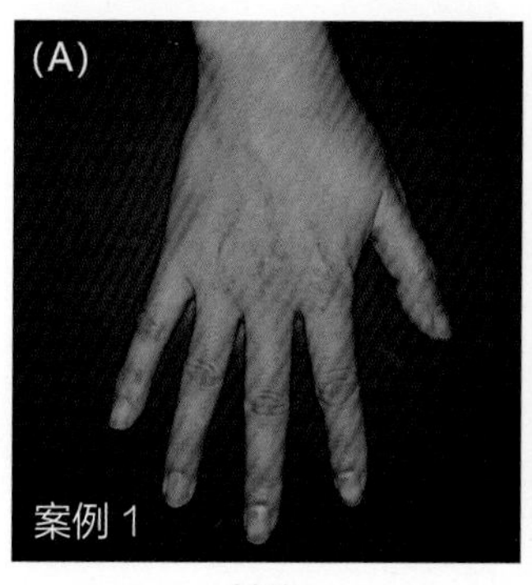

基线

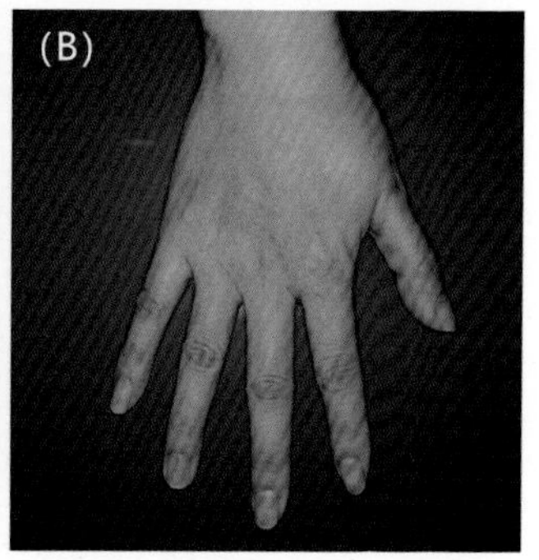

注射 3 个月后

瑞蓝·唯瑅治疗的 27 岁女性右手

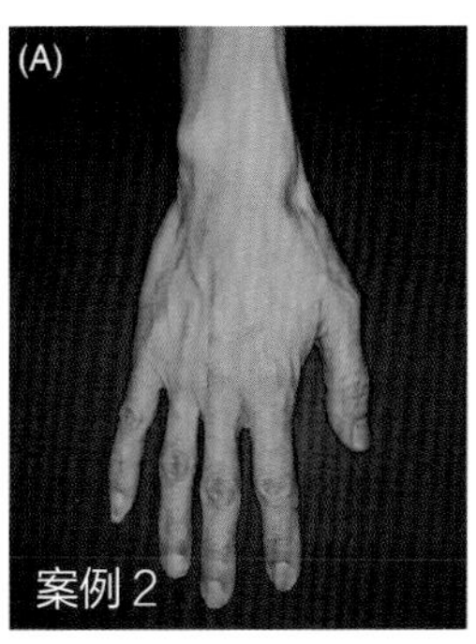

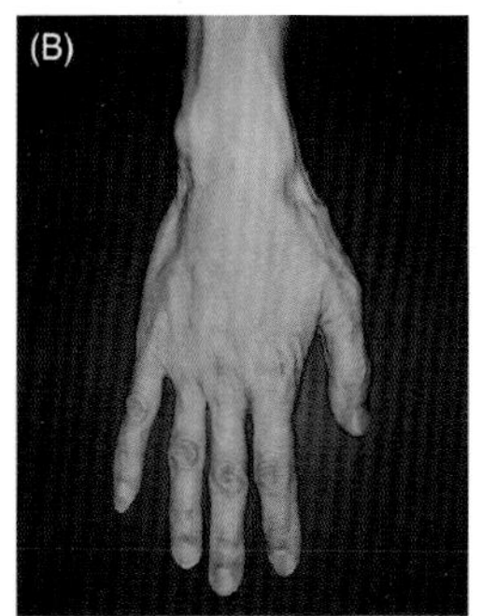

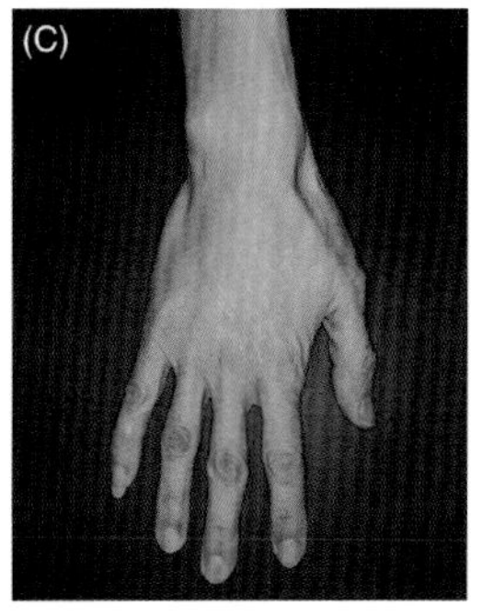

基线　　6 个月后　　15 个月后

瑞蓝 · 唯瑅治疗的 57 岁女性右手

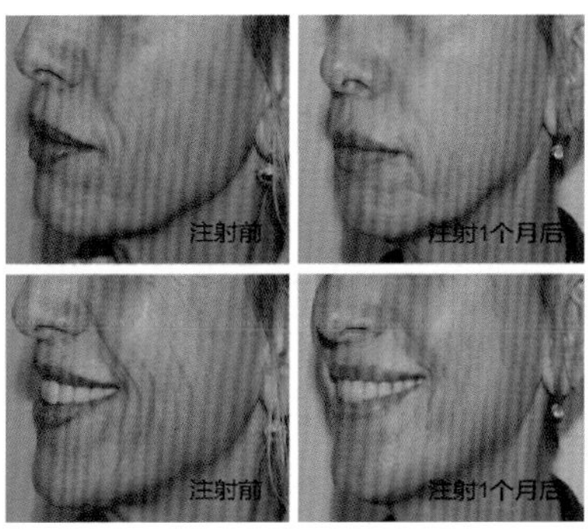

瑞蓝 · 唯瑅用于面部细纹修复

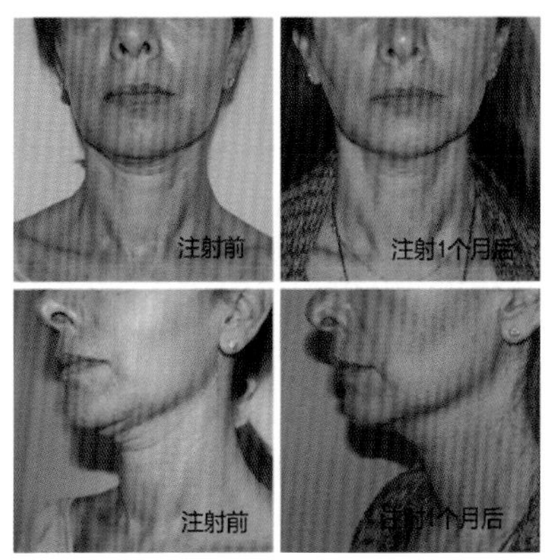

瑞蓝 · 唯瑅用于颈纹修复

11. 为什么水光针的价格从几百元到几千元差别这么大?

传统的水光针的成分是玻尿酸，玻尿酸应用于很多领域，除了皮肤微整形科外，还有眼科、骨科、妇产科等。在这些科室中用的玻尿酸就只是起到润滑的作用，价格比较便宜；而皮肤微整形科使用的玻尿酸是专门配制的水光玻尿酸，与其他科室所使用的玻尿酸是不同的。

根据水光针的不同品牌、不同添加成分，一般水光针的价格从几百元到几千元都是正常的，但也不排除有些机构为了拓展客源，亏本操作，将价格降得极低。此处笔者提醒广大求美者，医美是“锦上添花”，我们的脸很贵，“便宜没好货”，宁可不打，也别打很便宜的水光针。

当然还有一些更“高档”的水光针，添加了双美胶原蛋白，瑞蓝·唯瑅、保妥适等，因为所含成分贵、药物成本也很高，对医生的注射技术要求更高，因此治疗费用也会相应提高到七八千元一次。

水光针成分
不止玻尿酸

12. 在美容院能打水光针吗？自己在家里可以打水光针吗？

虽然水光是注射在皮肤的浅层，风险也非常低，但是水光注射也属于医学整形美容的项目，是会“见血”的医疗项目，需要严格遵循无菌操作流程。

在美容院打水光针，无一例外都是非法的，为你注射的不可能是正规医生。美容院的“美容师”多数都是经过短时间培训就上岗的，没有任何的医学专业背景。

所有的合法注射产品也是不会供应给美容院和某宝网的，你在美容院、工作室和网上得到的水光针产品无一例外都是假货，且行且珍惜吧。

求美者若想打水光针，还是要选择正规的医院。不能因为觉得水光针产品安全性较高，就随便选择没有执行能力和资格的美容院或者养生会所进行注射，更不能在网上买针剂自己注射。

13. 我听说很多水光针的针头都是假的，是吗？

目前国家正规批准的水光针头只有德玛莎一个品牌，而市场上的确存在许多非法机构使用假针头的情况。如果使用假的针头代替了正品针头，注射时漏药、手柄损坏等意外状况的发生率就比较高了。对于求美者来说，使用假的针头注射时疼痛明显，甚至会出现感染的情况，所以建议大家擦亮眼睛，尽量去正规的医疗机构打水光针。

下图是德玛莎针头包装上的防伪样式：

产品名称：一次性使用无菌注射针

型号、规格：PA-NDL9P32G1

批号：

生产日期：

使用期限：生产之日起3年

注册证编号：国械注进20183150172

生产企业：帕纳西株式会社 Panace Co., Ltd.

原产地：韩国

"其他内容详见说明书"

▲1 PEEL OPEN

接下来，笔者给大家介绍一下可能会于2020年底拿到NMPA认证的水光针头颜层"梅花针"，其边缘由整齐的方形改为小波浪形，像一朵精巧的梅花，故而得其名。

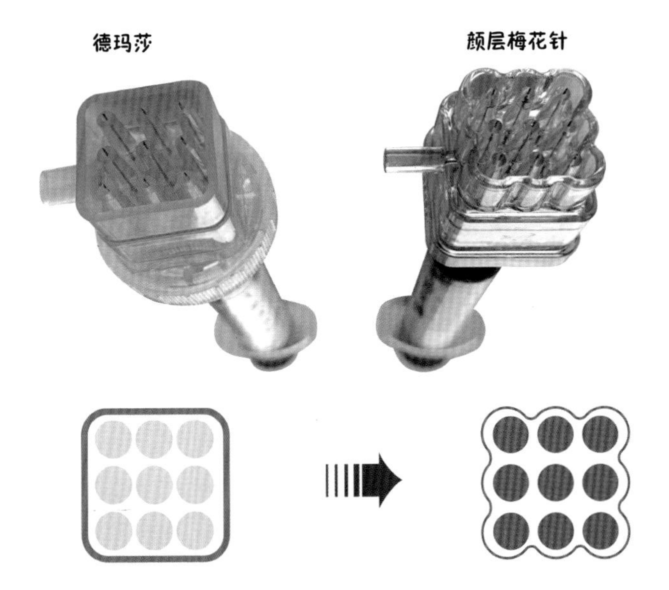

此针可以配套德玛莎 2 代水光机和颜层水光机使用，特点如下：

（1）波浪梅花形设计：更易贴紧皮肤，稳定吸附，完美贴合面部立体轮廓。

（2）固定进针深度：精准深度，零误差，无须动手调整。

（3）由耐冲击医用材料制成：聚碳酸酯（Polycarbonate）——耐热，坚固（用于宇航员头盔），且设计精巧，不漏药、不积液、不回流。

（4）超细针尖：医用 304 不锈钢金属针——ETW 技术，内径更大，抗氧化、耐腐蚀。

（5）规格齐全：32G：0.85 ~ 1.3mm（0.85mm、1.0mm、1.2mm、1.3mm）；34G：0.85 ~ 1.3mm（0.85mm、1.0mm、1.2mm、1.3mm）。其中 32G 的注射疼痛轻，32G 的 0.85mm 和 1.0mm 两个规格最常用。

（6）有针帽：可保护针头。

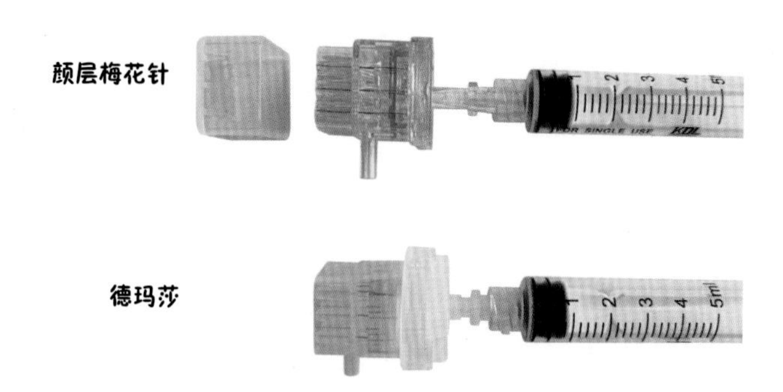

（7）尾端全封闭设计：尾端设计干净利落，无缝衔接，杜绝尾段漏药的发生。

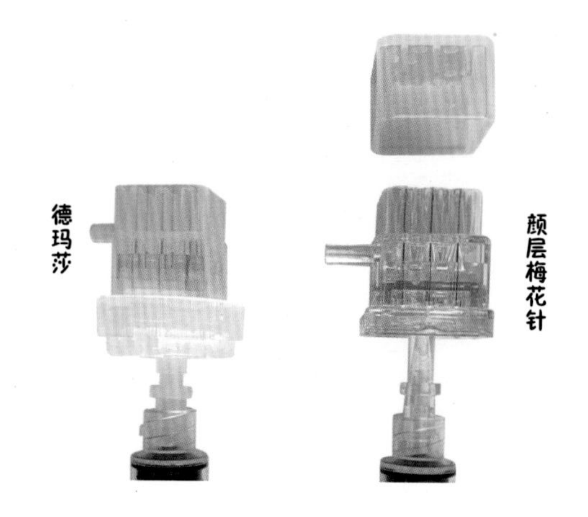

14. 给大家介绍一款专门用于手打水光针的针头——Nanosoft 智能美塑针针头

Nanosoft 智能美塑针是 FILLMED 专门为美塑疗法提供的注射工具，特别用于女性关注的精细部位，例如眼睛周围、颈部皮肤、口周皮肤等。这些部位通常比较敏感、易疼痛，治疗后容易留下治疗痕迹，而这款针头可以大大减轻治疗过程中的疼痛感、淤青、出血等问题，不仅可以提高治疗过程中的舒适感，而且不会在治疗后影响正常的工作和生活，是个不错的选择。

智能美塑针由 3 根长度为 0.6mm 的硅晶质地的针头并排组成，坚硬且能确保治疗层次精准，获得了欧盟 CE 认证以及国内三类医疗器械认证，可以让我们在接受美塑疗法的过程中获得更舒适的治疗体验。

15. 肉毒毒素可以加在水光针里吗？水光针里的肉毒毒素主要能起什么作用？

水光针里加入的少量肉毒毒素（保妥适）可以阻断面部副交感神经对皮脂腺的支配，也可以放松立毛肌，达到减少皮脂腺分泌、缩小毛孔的效果，使皮肤细腻，水光针的效果因此得到加强。国外一些学者研究发现，对面部进行保妥适微滴注射可以有效抑制血管扩张、缓解皮肤潮红、改善皮肤敏感状态。

肉毒毒素低浓度全面部注射有嫩肤、缩小毛孔、控油的作用，可起到减少皮脂分泌、提高水光针收缩毛孔、加强玻尿酸保湿的效果。

当然，同时也可减轻抬头纹、鱼尾纹等动态皱纹。

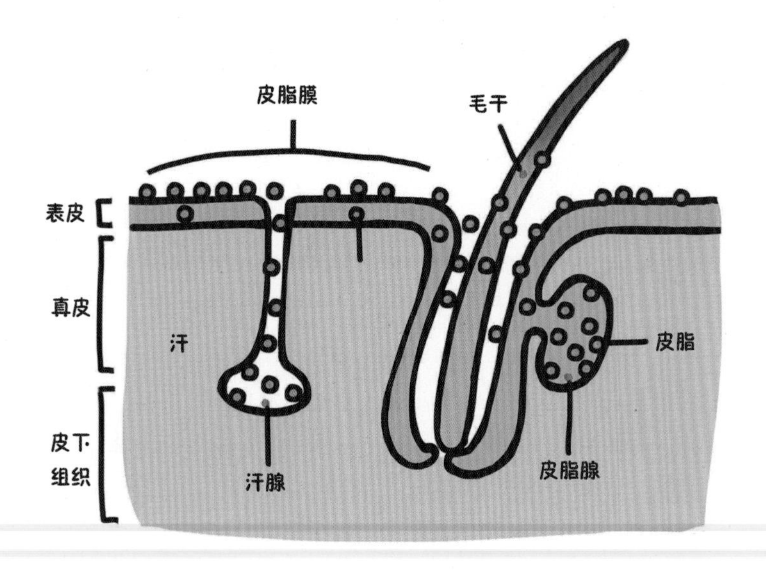

16. 一次水光针里面放多少单位的肉毒毒素（保妥适）最合适啊？

肉毒毒素在水光针中的配比是依据患者的需求而调整的，因此没有最佳，只有最合适。一般全面部注射水光混合溶液时，可以加 10～25U 的肉毒毒素。

一般说来：对于干性皮肤者，可以少加甚至不加肉毒毒素；对于油性皮肤、角质层较厚、毛孔粗大的求美者，可以适度加 20～25U 的肉毒毒素。因为肉毒毒素控制皮脂腺分泌的同时，也抑制汗液的分泌，加了过多肉毒毒素的水光针有可能会让干性的皮肤更加干燥。同理，保妥适可以让“大油田”和“油敏肌肤”肤质的求美者改善油光、缩小毛孔、改善敏感。

17. 很多医生说不能每次打水光针都加肉毒毒素，肉毒毒素注射太频繁的话会产生耐药性吗？

由于肉毒毒素的单次作用时间为3～6个月，频繁注射会导致耐药的可能性增加，因此医生建议可以每2~3个月注射1次。

由于保妥适与其他品牌的肉毒毒素相比不易产生肉毒毒素抗体，不易产生耐药性，所以水光针中的肉毒毒素推荐使用保妥适这个品牌。

注射其他品牌的肉毒毒素产生A型肉毒毒素抗体的人群，对保妥适也会耐药的！

目前临床中发现，对于有些耐药的求美者，加大肉毒毒素剂量，才可以见到临床效果，而另一些耐药的求美者，无论对其注射多少剂量的肉毒毒素都无效，属完全耐药。

再好的东西，也不能多打，你们说对吗？

18. 听说三文鱼都可以做美容了，是怎么回事？目前流行的“婴儿针”又是什么？

三文鱼也可以美容？我没听错吧？

三文鱼针俗称“婴儿针”。

水光类产品名目繁多，学名、俗称，连很多医生都迷糊！何况求美者？

三文鱼针的主要成分是多聚脱氧核糖核苷酸（PDRN），是从三文鱼生殖细胞中提取出来的特定规格的 DNA 片段，它是细胞内生成 DNA 的复合体之一。

长期的临床试验发现，PDRN 与人体的 DNA 碱基组成几乎是一致的，不会出现排斥反应及过敏反应等副作用，与人体的相容性非常高，注入皮肤后，可以增进 DNA 合成，促进真皮成纤维细胞分泌和组织再生，并且可以双向调节炎症因子及抗感染因子，持续发挥抗感染作用。在烧烫伤皮肤中，PDRN 可以让创面很快生成新的皮肤，缩短愈合时间。在美容方面，PDRN 成为治疗敏感肌肤、炎症性皮肤、毛孔粗大的新选择。

“婴儿针”的主要作用是再生和修复，具有四重作用机制：

（1）减少炎症因子，增殖抗感染因子，产生抗感染作用。

（2）分泌各种生长因子，刺激成纤维细胞分泌，生成细胞外基质，使损伤组织再生。

（3）分泌血管内皮生长因子，促进血管通透性增加，改善皮肤微循环。

（4）通过补救途径，提供嘌呤和嘧啶，加速 DNA 合成，促进细胞再生。

普丽兰（主要成分是PDRN）具有抗感染、消炎作用，可加速新陈代谢，促进受损组织和细胞再生，修复受损屏障，提高皮肤自身免疫力及保护力，由内而外，从根源上解决皮肤问题，可以称为“治愈性精华”。

所以这款产品并不像常规的美容产品那样能“缺啥补啥”，更多的是刺激我们自己的细胞，产生系统性的反应，修复问题肌肤。因此，在临床上更多地用于治疗“敏感肌肤”。

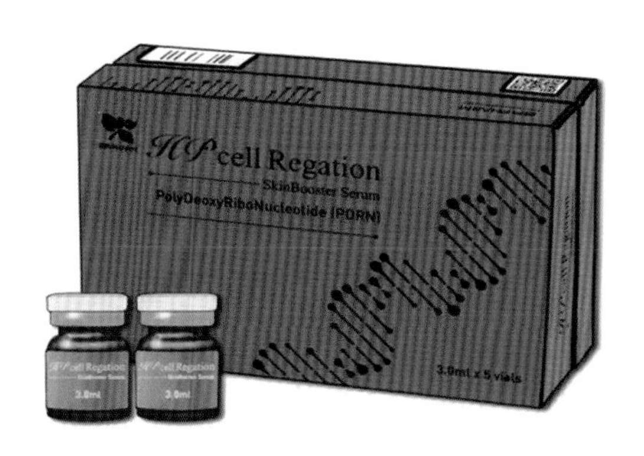

19. “婴儿针”有哪些品牌？我应该怎么选？

首先我们来看已经被中国 NMPA 批准的 3 款含有 PDRN 的“婴儿针”品牌，分别是普丽兰、氏殊和德玛莎。

市场上也有打着“婴儿针”的旗号，实际上并不含有 PDRN 的所谓的“婴儿针”产品，所以大家在选购的时候要注意看主要成分是否为 PDRN！不过即使都是以 PDRN 为原料的“婴儿针”，由于原料来源不同、分子量大小不同所呈现的效果也不同。

三文鱼品种有很多，常见的是 2 种鳟鱼、4 种鲑鱼。意大利最先研究开发的是海鳟鱼，它一年只产一次卵，每年 10 月至次年 3 月期间产卵，产卵前不进食，身体侧面会呈现赤红色，所以也叫彩虹鳟。它只有在水质清澈、营养丰富的地方才可以生存，从它体内提取的 PDRN 与人体也是最相似的，可促进细胞再生，抑制炎症，使伤口得到很好的愈合。

至于鲑鱼，我们无法知道野生鲑鱼摄取了什么物质，它们有可能暴露在存在多种寄生虫、细菌、病毒等的危险环境中，不适合作为医药品的原材料。然而，随着全罗南道海洋水产科学院首次实现了鲑鱼（Salom Trout，鲑鱼科鱼类）海洋养殖的成功，普丽兰在其技术指导下，共同研究，终于成功实现了对海鳟鱼的养殖。这种原料的可控对于产品可控、稳定来说起着关键作用，极大地减少了不良反应。

另外，分子量大小的不同也会影响产品疗效的维持时间，普丽兰 700kD 以上的医疗器械级别的大分子量 PDRN 在保证产品有效吸收外还具有长效维持的作用。

所以在选择“婴儿针”产品的时候，原料是否可控、维持时间长短也是需要考虑的。

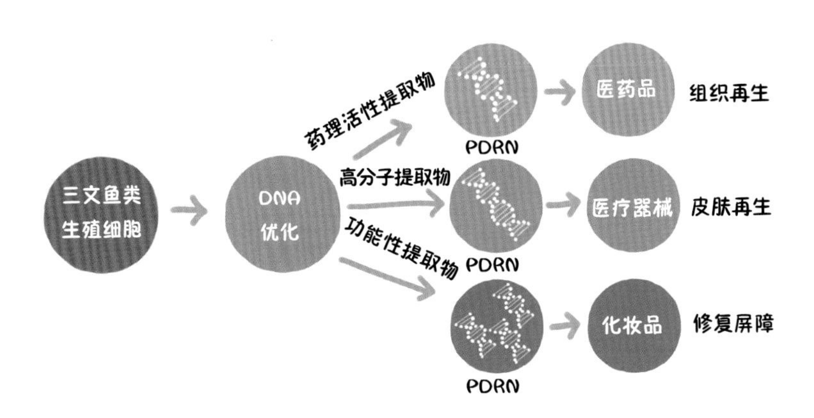

20. 听说胶原蛋白水光可以美白、嫩肤、缩小毛孔，为什么？

胶原蛋白占皮肤干重的 70%，是真皮的主要成分，胶原蛋白构成的网状结构是支撑皮肤、维持皮肤弹性的重要结构，在减缓皮肤衰老的过程中起着重要的作用。随着年龄的增长，或受到紫外线、自由基的伤害，胶原蛋白流失，甚至不再合成。皮肤中胶原蛋白的老化、受损、断裂，会导致真皮层网状结构疏松，进而形成凹陷，在皮肤表面就会出现皱纹和松弛，每年每单位面积皮肤的总胶原蛋白含量减少 1%。

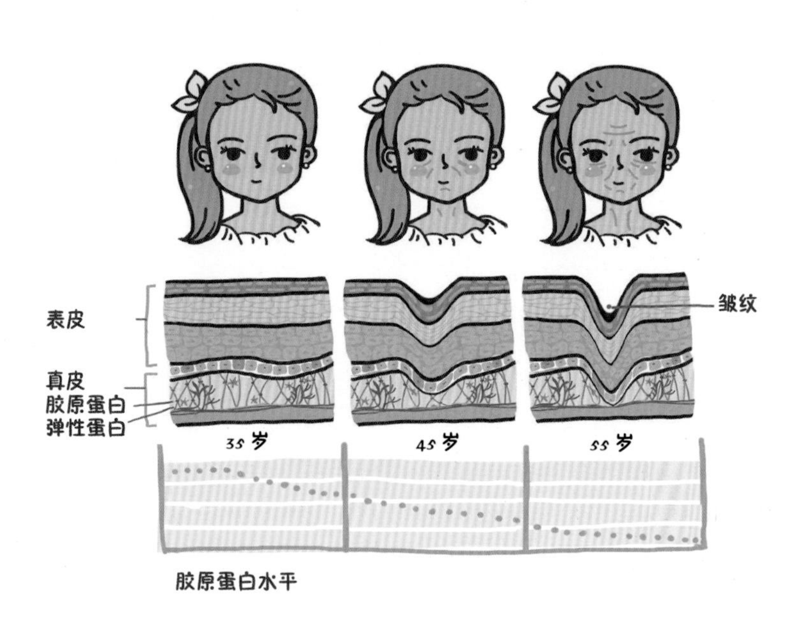

真皮层胶原蛋白含量的减少是皮肤老化和黑色素出现的根

源。胶原蛋白注射不仅可以阻止黑色素形成，还可以解决皮肤老化及改善肤色、肤质。

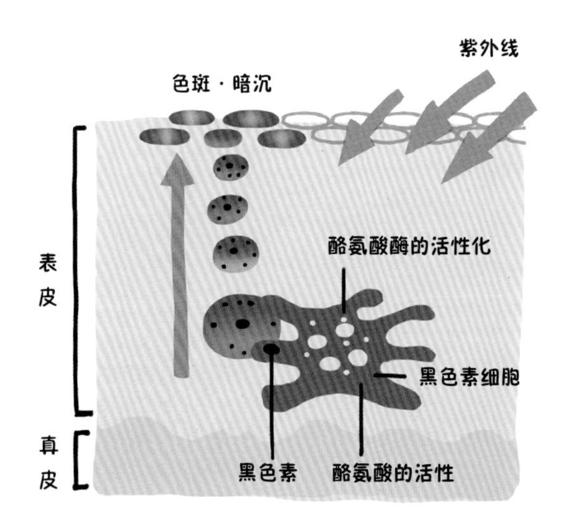

一方面，注射的胶原蛋白与自体合成的胶原蛋白保持最大程度的相似。通过水光注射，胶原蛋白直接进入真皮层，迅速补充体内胶原蛋白，让肌肤水润有弹性。

另一方面，胶原蛋白水光可以激活自体胶原蛋白的再生，持久锁水支撑。胶原蛋白可促进成纤维组织生长，使弹性纤维再生、重组、修复，达到紧致支撑锁水的作用，改善并加速角质细胞的新陈代谢，实现紧致、缩小毛孔的效果。

胶原蛋白水光可以唤醒组织再生、加速皮肤的水动力循环及新陈代谢、恢复年轻肌肤、对抗松弛皱纹、改善暗沉粗糙，让肌肤恢复并维持年轻有弹性的青春状态。

下图是打了 3 次含胶原蛋白的水光针后的皮肤毛孔的改善效果：

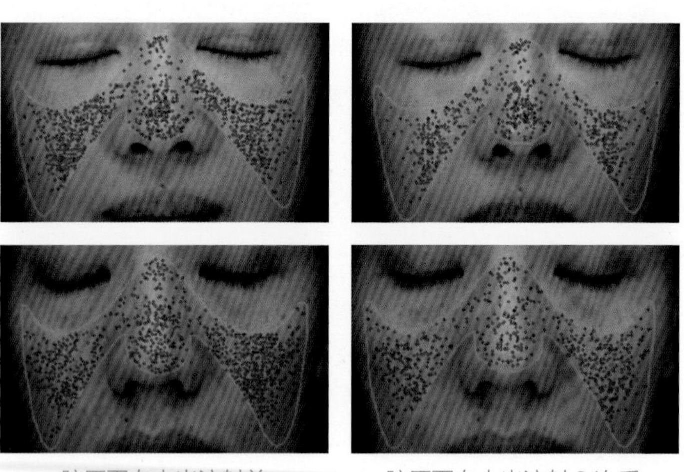

胶原蛋白水光注射前　　胶原蛋白水光注射 3 次后

下图是打了 3 次含胶原蛋白的水光针后的皮肤，可见胶原蛋白水光有亮白淡斑、缩小毛孔的效果：

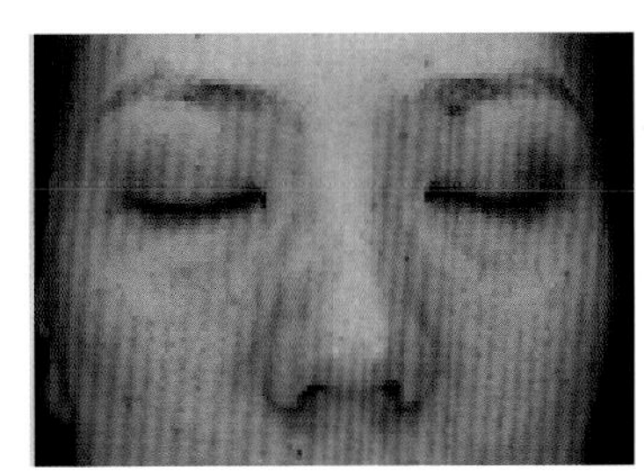

胶原蛋白水光注射前

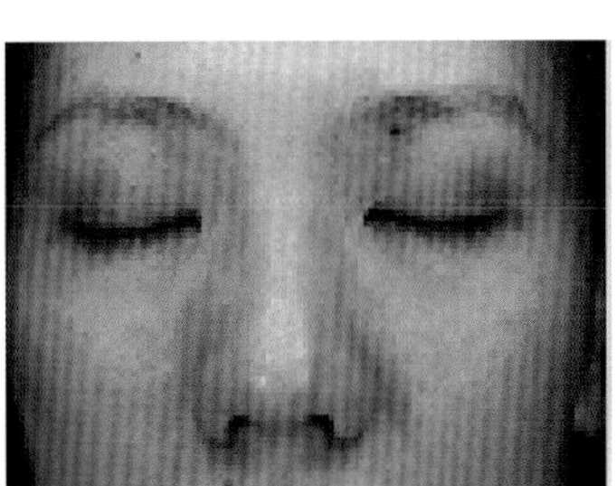

胶原蛋白水光注射 3 次后

21. 胶原蛋白水光用“肤柔美”还是“肤丽美”？这两款产品有什么差别吗？

肤柔美即双美Ⅰ型胶原蛋白，主要成分是Ⅰ型胶原蛋白。

肤丽美是双美Ⅰ型的 Plus 款，就是双美Ⅰ型的加强款，主要的成分是交联Ⅰ型胶原蛋白。

肤柔美和肤丽美的主要差别在于所含胶原蛋白是否交联。交联就是在胶原蛋白分子间添加交联剂以增加胶原蛋白的机械强度，以对抗机体对胶原蛋白的降解。通俗地讲，交联剂就如同盖房子所用的钢筋，有了它房子才会足够牢固。

肤柔美：可水润肌肤、亮肤、紧致毛孔、刺激胶原蛋白增生、抚平细纹、淡化黑眼圈，适合日常保养，通过水光针在真皮下浅层注射。

肤丽美：适合改善肌肤质地，可用于提拉、塑形，在深层皱纹和凹陷的原位注射后可刺激胶原蛋白增生，改善面部泪沟、太阳穴、苹果肌、鼻子、下巴、法令纹、私密处，适合做周期性的保养，通过皮肤深层直接注射。

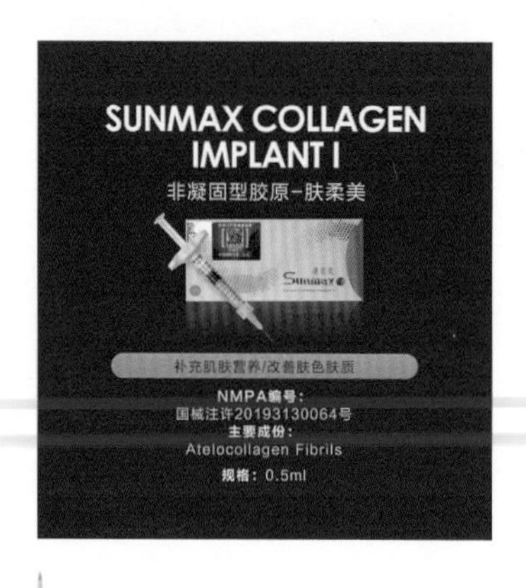

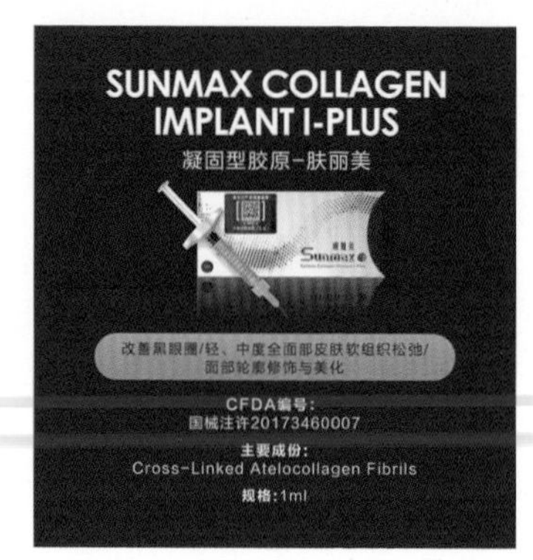

22. 现在流行的菲洛嘉、英诺小棕瓶、三文鱼普丽兰等，与以往的水光针有什么区别吗？

随着美塑疗法（通过水光针、滚针、无针美塑仪等方法，突破皮肤屏障，将美容药物导入到皮肤的各个层次）传入中国以后，各式各样的相关产品在市场上出现了，如菲洛嘉（NCTF）、英诺小棕瓶、三文鱼普丽兰。与传统水光针相比，它们添加的成分更多，功效性更强，这里笔者来一一介绍（只是这些产品目前在国内拿到的是“妆字号”，而在国外是可以直接用于水光注射的）。

一、菲洛嘉（NCTF）：补充皮肤营养

1978 年菲洛嘉就在法国上市了，距今也有 40 多年的历史了。

菲洛嘉（NCTF）是什么，相信经常做皮肤保养的人都了解。菲洛嘉（NCTF）水光由53+1种生物活性因子组成：氨基酸、辅酶、维生素、矿物质、核酸、抗氧化物质等。这些物质有美白、补水、修复作用，其中最重要的作用是模拟我们最佳时期的细胞环境，刺激成纤维细胞、合成胶原蛋白、对抗自由基增生。因此菲洛嘉（NCTF）最主要的作用是抗衰老、美白、收缩毛孔以及改善细纹。菲洛嘉（NCTF）尤其在眼周皮下浅层和皮内注射时对黑眼圈、眼周细纹、毛孔粗大及肤色暗淡的改善尤其明显。

二、英诺小棕瓶：美白淡斑

英诺小棕瓶是西班牙的一款产品，含有高活性维生素C、谷胱甘肽以及一些抗感染修复的成分等。这些常见的美白成分，经过精准的配比及pH设定等，可以发挥最好的效果。另外笔者尝试过在水光针内加谷胱甘肽和维生素C，那个疼痛不是所有人都能忍受的，相比较，这个产品的注射感要好得多。有色斑，想要提亮肤色的求美者可以选它。另外，其微针科技可以使产品更快渗透，所以治疗时针尖刺入不需要很深就可以了，使用起来恢复期更短。

三、三文鱼普丽兰：再生与修复

前文介绍过，在此不再赘述。

23. 打童颜水凝水光针有效果吗?

市场上新出现的“童颜水凝”水光，其主要成分是 PLLA，即聚左旋乳酸。聚左旋乳酸（PLLA）是一种有生物相容性、可生物降解的、合成的聚合物。注射后，聚左旋乳酸可诱导成纤维细胞内源性产生胶原蛋白，从而逐渐增加组织体积。对于一些皮肤较薄，表面细纹较多的求美者，打童颜水凝水光针不失为一种好的选择。

同时，童颜水凝水光还可以改善中度的痤疮后瘢痕。只是市场上许多童颜水凝制剂是一类械字号产品，不能用于注射，不推荐使用。

24. 我看见微博上有人给头发打水光针，是真的吗？

头发水光针与真实的水光针没有任何关系，给头发打水光针不具备可操作性。原因很简单，头发不是皮肤啊！

头发水光针不过是蹭了水光针这个概念，实际的操作就是使用类似喷雾机那样的工具把自称是“头发水光针”的产品对头发做一个水疗，像喷雾那样喷在头发上。大家千万要分清楚概念！

25. 打水光针之前一定要做 Visia 皮肤检测吗？

Visia 皮肤检测仪由美国 Canfield 公司生产。它拥有强大的数据库、先进的 Vectra 3D 成像系统和完美的皮肤分析能力，可以检测出每个人的肤质、皱纹、敏感、斑点、毛孔以及皮肤纹理等情况，比肉眼看更具有客观性。它可以帮助医生更好地判断求美者适合进行什么样的治疗方案，并且诊断迅速，对人的皮肤也不会造成损伤。

因此推荐求美者在做皮肤项目之前，做一下 Visia 皮肤检测，更好地了解自己的皮肤状况！

目前广州捍马医疗科技有限公司是 Visia 皮肤检测仪在中国大陆的总代理商，网址：www.canfieldsci.com。

第二部分　水光注射的适应证与效果

26. 哪些皮肤问题可以通过打水光针来改善?

随着水光针的应用越来越普及，民众对水光针的接受度也越来越高了，打水光针更像是“常规医学保养”项目。如果大家的皮肤存在干燥缺水、痘印痘坑、毛孔粗大、皮肤油脂分泌旺盛、敏感红血丝、肤色不均匀、雀斑、黄褐斑等问题，都不妨试试水光针治疗。

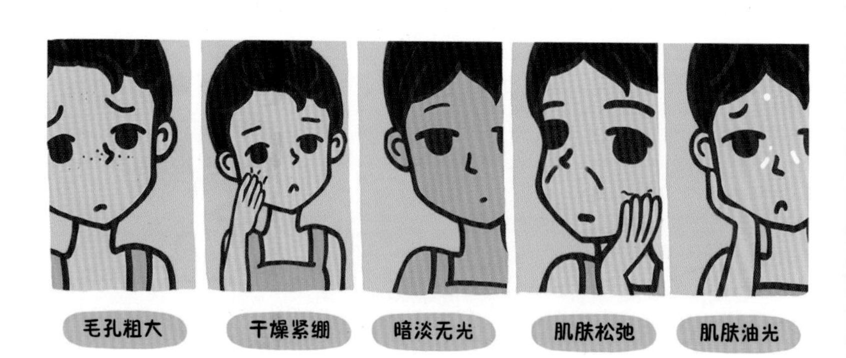

水光针的配方会因人而异，可以根据求美者的皮肤状态“量身定制”。

27. 哪些人不适合打水光针？

◆ 以下人员禁止打水光针：

（1）患有高血压、心脏病、糖尿病、恶性肿瘤晚期等严重疾病者。

（2）1 周内使用过抗凝剂、活血剂者。

（3）因手术或外伤等面部存在开放性创面者。

（4）严重急性、活动性皮肤感染者。

（5）已知对注射材料或麻醉剂中任一成分过敏者。

（6）妊娠期、哺乳期者。

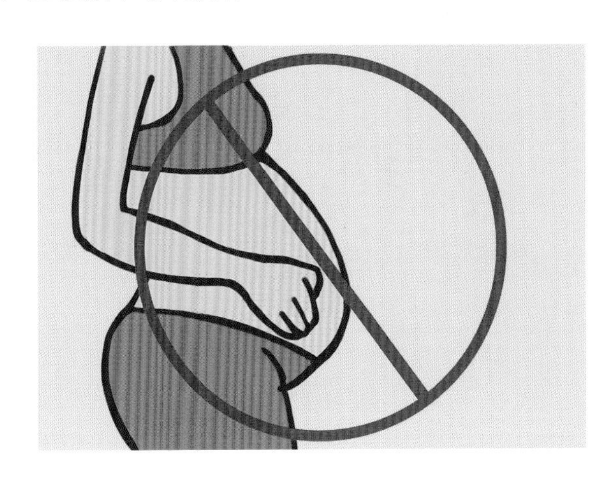

◆ 以下人员慎打水光针：

（1）过敏体质、瘢痕体质者。

（2）面部毛细血管扩张明显者。

（3）正处于过敏期、炎症反应期者。

（4）激素依赖性皮炎急性发作期者。

28. 一次水光针治疗抵敷 1000 张面膜，真是这样吗？

一次水光针治疗抵 1000 张面膜！你听听也就罢了，敷 1000 张什么面膜？美白的？保湿的？紧致的？如果敷了质检不过关的面膜，敷成激素脸也说不定！

而且面膜的营养液只能作用于表皮，我们的皮肤屏障阻止了它的进一步渗入，而水光液可以作用于皮肤的表皮、真皮多个层次，同时还有刺激胶原蛋白生成的效果。

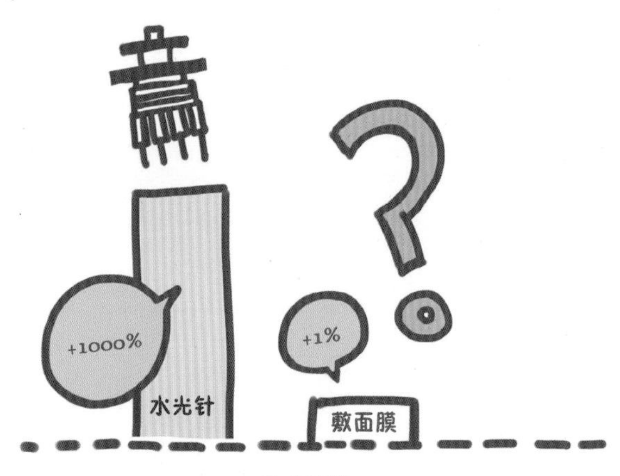

补水效果

说说笔者第一次打水光针的感受吧。

那是在 8 年以前了，那时候还没有菲洛嘉、英诺小棕瓶等这些水光针，我打的就是“瑞蓝 2 号 1mL+ 生理盐水 2mL+ 保妥适 20U”，完全混匀后，自己对着镜子通过手打进行注射的。记得当时我的痘痘肌肤又油又干，看到国外文献报道这种“玻尿酸 + 肉毒毒素”的美塑疗法可以在补水的同时控油，我就自己试试看。做完后出现了 2 天的小鼓包和 3 处小淤青。

最明显的效果就是：我之前的“油干皮”，又油又干的肤质立刻改善了！注射之前，用洗面奶洗过脸后皮肤很紧绷；打完水光针后 1 周左右，皮肤不油腻了，用洗面奶清洁完以后也没有那么干了。以前敷面膜从来没有达到这种效果，当然我也没有敷 1000 张面膜。

玻尿酸的主要功能是锁水，再加上肉毒毒素有控油作用，所以当时治疗的效果就是感觉皮肤不干、不油腻了。现在的水光针产品多种多样，美白、抗衰老等效果叠加的同时，主要针对的功效就会有所偏差，但千万不要妄想打一次水光针就可以让你的皮肤焕然一新，保养皮肤是循序渐进的过程。如果你能坚持治疗，注重术后的修复，水光针治疗确实是个不错的选择。

29. 我毛孔粗大，皮肤出油多，打水光针可以改善吗？

水光针顾名思义可以补水，我们通常说的水光针注射材料就是玻尿酸，它能锁住自身体积 500 倍的水分，是个“补水小能手”。

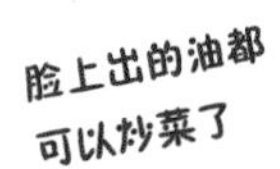

但其实，水光针的效果不止于此，除了玻尿酸，医生会根据求美者本身的皮肤情况添加一些有效成分。比如对于需要提亮肤色、淡斑的求美者，会添加胶原蛋白、英诺小棕瓶等产品。胶原蛋白不仅可以改善毛孔、细纹，由于产品呈乳白色，对肤色还有一定的增亮作用，起到美白褪黄的效果。

对于有皮肤潮红、毛孔粗大、油腻、长痘痘的求美者，可以添加肉毒毒素以达到收缩毛孔、控油、抑制血管炎症因子等作用。所以水光针还有治疗痘痘的效果。

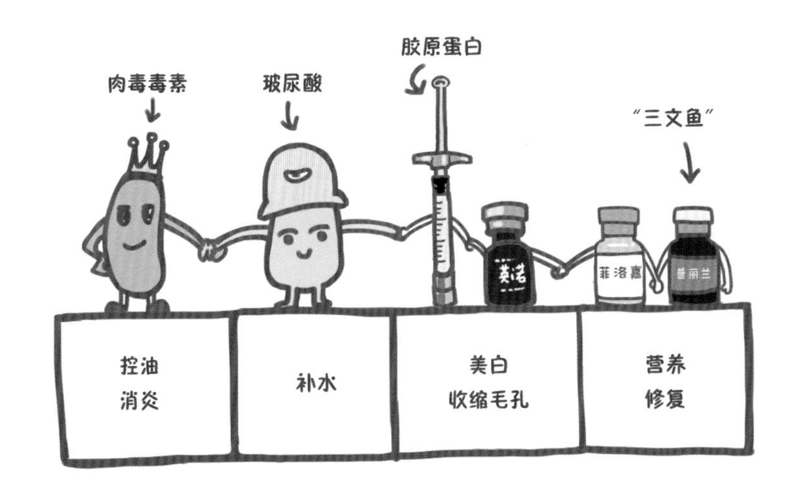

但当面部炎症性痘痘、脓包较多时不建议注射水光，因为可能会引起感染扩散。这时候，需要使用 OPT 光子、药物或者水杨酸等将炎症控制后，再考虑做水光针治疗。

30. 市面上很多款水光针都宣传具有美白功效，水光针真的可以美白吗？

水光针可以美白吗？答案是肯定的。

一、皮肤水合度高的时候，肤色会更亮

人的皮肤暗沉有很多原因，不仅是色素沉淀会引起皮肤暗沉，当皮肤水合度差的时候，也会显得面部暗淡无光。举个例子，我们在洗澡的时候，水蒸气满满，从淋浴间出来，都会觉得脸上的皮肤亮了一个度，这就是因为我们的皮肤水合度高了。所以，单纯地做好补水，也有美白的效果！因此当我们单纯地用玻尿酸水光针治疗后，肤色也会提亮。

二、水光针里可以自行添加美白成分

当肤色比较暗沉，或者面部有色素沉着、黄褐斑等情况时，为使水光针治疗更有针对性，水光针里可以添加双美胶原蛋白、氨甲环酸、还原型谷胱甘肽等具有美白成分的药物，以达到更好的效果。

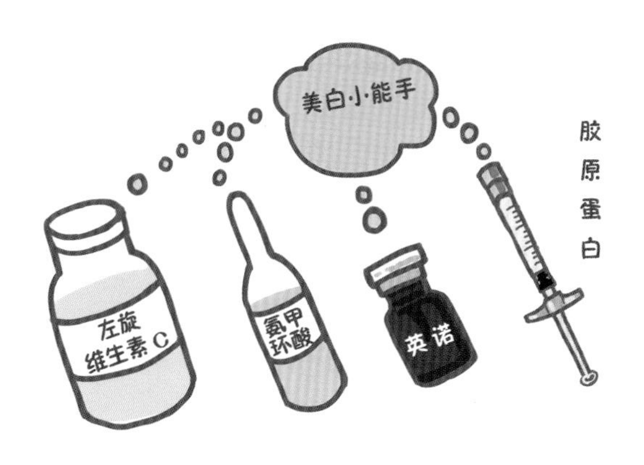

三、专门美白的水光针

当我们自己准备在水光针里添加一些美白成分时，可能会遇到药物配比不佳、成分单一等问题。针对这些问题，市场上出现了专门针对黑色素的水光针产品，比如西班牙的英诺小棕瓶、韩国的普丽兰婴儿针的美白款等，它们将美白成分和修复抗感染成分按合理的配比整合，使美白效果更明显。只是这些产品目前在国内拿到的是“妆字号”，无法直接用于注射美容，而在国外则是可以直接用于水光注射的。

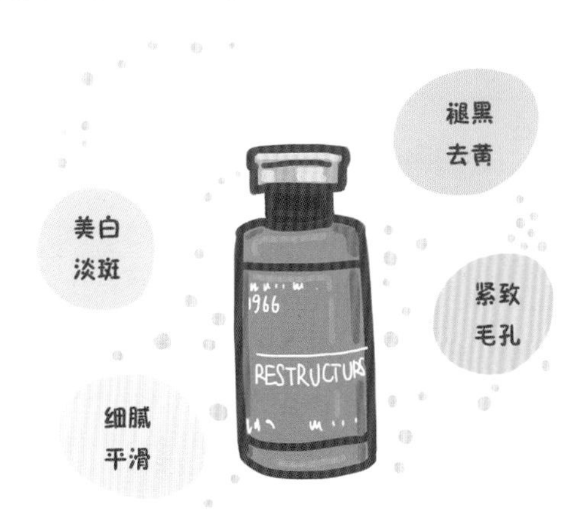

31. 孕期、哺乳期、月经期可以打水光针吗?

为了保证孕妇和胎儿的绝对安全，孕期是不建议做任何美容治疗的，打水光针也不例外。虽然水光针里的成分都很安全，但因为没有任何药物试验可以在孕妇身上进行，所以没有相关的副作用报道。对于哺乳期的妈妈，水光注射入皮肤的相关层次后被人体吸收，有一些成分可能会影响或进入乳汁，宝宝吸吮了这些乳汁，也许会影响自身的生长发育，所以处于孕期的准妈妈和哺乳期的妈妈们还是尽量不要注射水光。

月经期机体的抵抗力下降，这个时期打水光针引起过敏、感染等不良反应的概率相对增高，另外月经期身体的凝血机制较差，较容易出现针眼处淤青等情况。因而，虽然月经期注射水光的美容效果是不受影响的，但因为以上的治疗风险的增加，还是建议月经期过后再来做治疗吧！

32. 我脸上有很多痘痘，可以打水光针吗？

水光针可以改善皮肤干燥、暗沉、毛孔粗大的情况。正确地应用水光针还可以解决很多痘痘肌肤的问题。我们知道痘痘形成的原因之一是皮脂腺分泌旺盛，水光针里添加上肉毒毒素可以有效地抑制皮脂腺的分泌，不仅从源头上遏制了痘痘的成因，还可以收缩毛孔，使我们的肤质更细腻。另外，这种水光针本身有提亮肤色的作用，对于痘印也有改善作用。

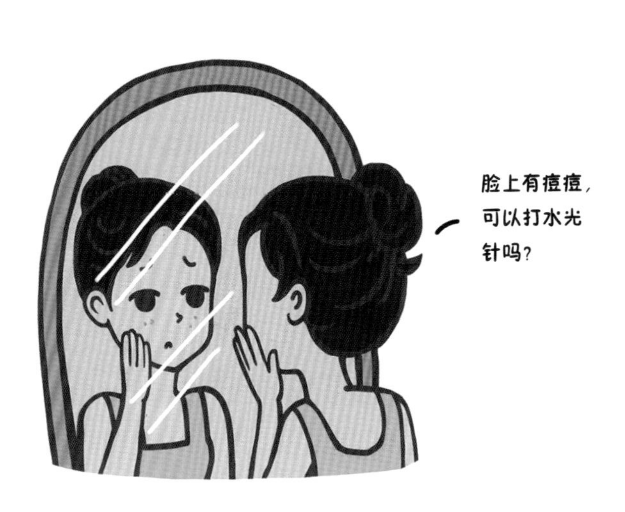

但是，当面部有炎症性痘痘时，要慎重。有少量炎症性痘痘时，水光注射操作时要避开痘痘；有大量炎症性痘痘时，须先用其他治疗法控制痘痘后，再择期注射水光。

33. 敏感肌肤者可以打水光针吗？

现在的女生，10 人里有 9 人说自己是敏感肌肤，那到底什么是敏感肌肤？我们先来看下敏感肌肤的定义：特指皮肤在生理和病理条件下发生的一种高反应状态，主要发生于面部。比如说进入空调房间，皮肤会出现灼热、潮红、瘙痒、紧绷感等，这些就是敏感肌肤的表现。

说到敏感肌肤，就不得不提到皮肤屏障，我们的皮肤最外层为角质层，它由20层扁平的角质细胞组成（犹如我们城墙的砖），其间有脂质（城墙的灰浆）将角质细胞紧紧连接在一起，形成“砖墙结构”，而它的外面还有一层由汗液、皮脂腺分泌物组成的保护膜（城墙涂料）。

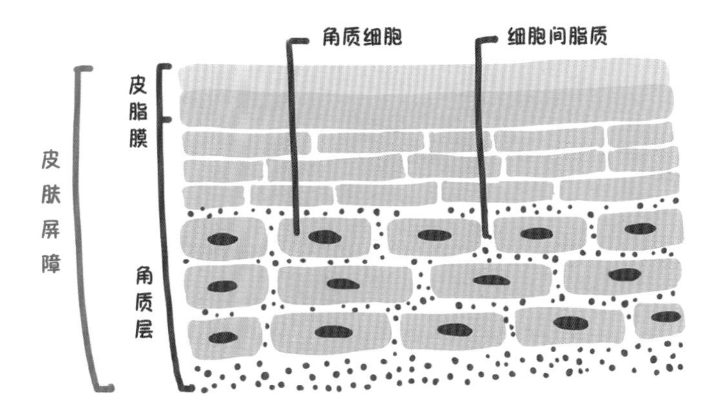

这些构成我们皮肤的保护层，称为“皮肤屏障”。敏感肌肤的产生就是皮肤屏障受损的结果，这个“砖墙结构”不仅可使我们的皮肤免受有害物质的入侵，还有防止皮肤中的水分丢失的作用。所以敏感肌肤者不仅会出现瘙痒、潮红、刺痛等症状，还有一个典型的表现就是皮肤干燥，有紧绷感。

透明质酸是细胞间质成分，它不仅能改善皮肤干燥的情况，对皮肤屏障的修复也有重要作用。进行水光针治疗后，在皮肤的修复过程中，水光针成分会刺激胶原蛋白的新生，使真皮层增厚，韧性和光泽度都会比原来有所提高。而目前市面上的一些水光针产品如菲洛嘉、青春功能素、三文鱼等，不仅含有透明质酸，还添加了一些营养成分，可以改善受损肌肤内部的生理条件，减少炎症，改善血管的通透性，促进细胞再生。

另外，在水光针里添加肉毒毒素也可以有效改善敏感肌肤。

但是水光针再好，敏感肌肤者如果出现以下情况的话还是不能使用的：

一、急性过敏

如果我们的皮肤处于急性过敏期，比如已经出现了面部红肿、丘疹、脓包，甚至脓液渗出时，是不能注射水光的，这时要积极地进行药物治疗，等皮肤状态稳定后，才能接受水光针治疗。

二、麻药过敏

敏感肌肤的求美者在做水光针治疗时最难过的一关是敷麻药膏，很多人说打了水光针过敏了，其实是对外用麻药产生过敏反应。我们可以用在治疗前先将麻药膏敷在耳后做测试、敷麻药膏前在面部涂抹保湿霜或维生素 E 以及减少麻药在皮肤的停留时间等方法来降低求美者出现麻药过敏的概率。

34. 眼部的细纹可以通过打水光针去除吗？

答案是肯定的。

眼部的皱纹是可以通过肉毒毒素来改善的，但肉毒毒素只会对做表情时才有的皱纹（动态皱纹）有较好改善，对眼周的一些干纹就无能为力了。这时肉毒毒素和水光针联合治疗就是一个很好的办法，可以最大限度地去除眼部细纹。

注射方案可以跟你的注射医生讨论，一般来说菲洛嘉（NCTF）+肉毒毒素、婴儿针 + 肉毒毒素、胶原蛋白 + 肉毒毒素都可以达到比较理想的治疗效果。

然而，笔者提醒大家，眼睛下面的细纹是最难搞定的，也许 35 岁之前还可以通过医美手段完全去掉，一旦过了 40 岁，就真的很难去除了，只能尽力改善，多多少少还是会有一些细纹的。所以说“保养要趁早”，有时候预防远远大于治疗。不注意保养的爱熬夜的女孩子，可能不到 30 岁眼周就皱纹密布了！

35. 背部的痘痘也可以通过打水光针治疗吗?

答案是肯定的。

但是也要根据痘痘的情况来具体分析。

比如，大量痘痘爆发，有疼痛、脓头时，建议口服 / 外用抗生素消炎，或者进行光子 OPT 治疗与水杨酸刷酸治疗，有些还可能是真菌引起的毛囊炎——糠秕孢子菌毛囊炎，这时就需要进行抗真菌治疗了。

当炎症被控制后，以色素沉着、毛孔粗大为主时，再考虑进行水光针治疗。

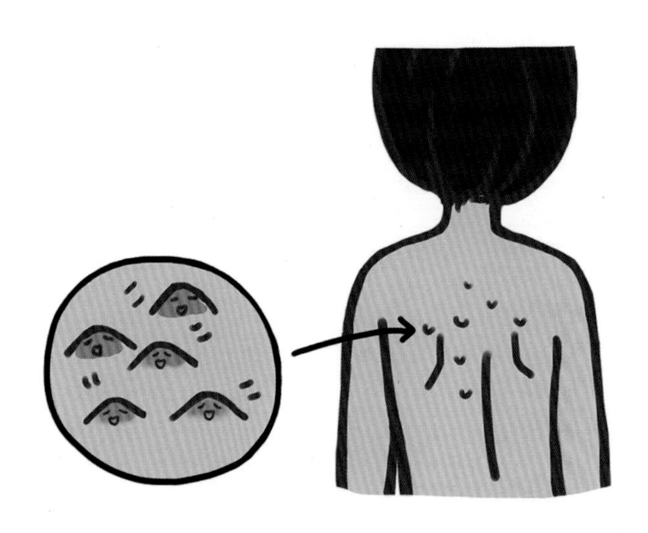

36. 妊娠纹可以通过打水光针改善吗?

妊娠纹是膨胀纹的一种，是妊娠过程中出现的一种病理性皮肤改变。由于妊娠期间，腹部外形变化最大，腹部皮肤所受的牵张力也最大，因而，腹部是妊娠纹最常见的部位，也可见于胸部、背部、臀部及四肢近端。早期表现为暗红色或紫红色的条纹，然后色素脱失、萎缩，最后稳定后呈现出一种白色或银色的条纹。

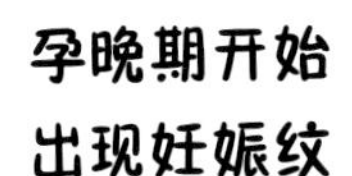

妊娠纹不仅困扰着患者，其实对我们医生来说，也是让人头疼的一个问题。因为妊娠纹是不可能百分之百治愈的。

根据笔者的临床实践，我会推荐求美者使用热玛吉 + 胶原蛋白水光的方式来治疗妊娠纹。热玛吉可以刺激胶原蛋白新生，并收紧松弛的腹部皮肤，而胶原蛋白水光则可以补充腹部皮肤流失的胶原蛋白。对于妊娠纹，此种方式基本上可以达到 50% ~ 60% 的改善。

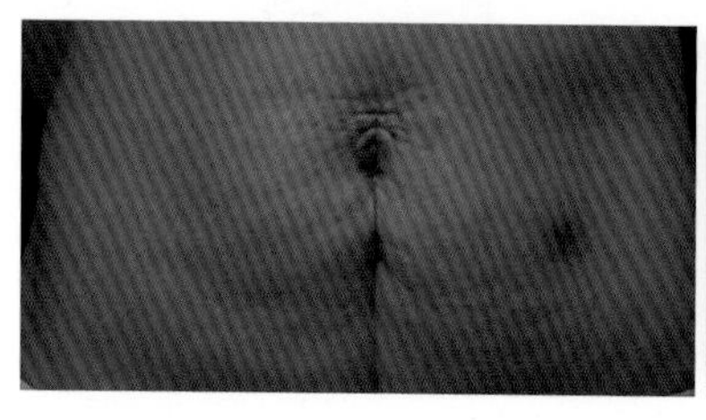

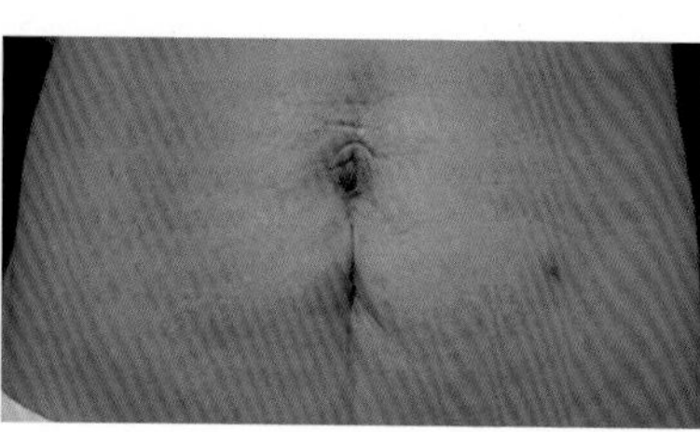

37. 什么是手部水光注射？哪款水光最适合手部注射？

女人的手被称为第二张脸。

有些求美者的脸是保养得非常年轻了，但是一伸手就暴露了真实的年龄，著名歌星麦当娜也常常通过戴手套来掩盖双手衰老的尴尬。这就提醒我们，双手的抗衰老和年轻化也是抗衰老工作中重要的环节。

根据《早安美国》的统计，手部整形，尤其是手部抗衰老，正在被越来越多的爱美人士关注，有潜力成为热门整形项目。近年来，在韩国做手部注射整形的求美者也越来越多，且大部分为女性。在做整形的人群中，有 18% 的求美者进行了手部注射整形术，这个比例还在逐年上升中。

手部的水光注射步骤与面部一样，即清洁→敷麻药膏→注射→修复冷敷。手部注射的时候疼痛感可能超过面部，为了提高注射的舒适度，推荐进行深层钝针平铺与水光机浅层注射相结合治疗方式，可在有效减少疼痛感的同时达到最佳临床效果。

钝针注射方案示意图

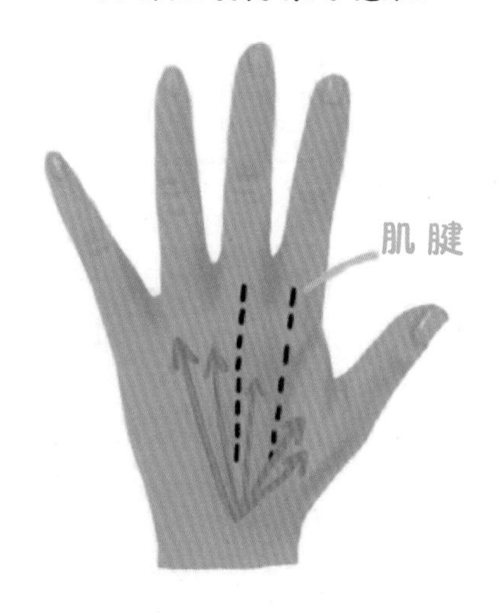

瑞蓝·唯瑅水光针作为一款长效水光产品，被广泛应用于手部水光注射中。它可以改善手部肌肤的表面粗糙程度，增加皮肤弹性和含水量，是一款不错的手部保养产品。毕竟打水光针挺疼的，还是用长效一点儿的水光针产品比较好。

聪明的读者还记得之前我们提到过胶原蛋白水光吗？是的，胶原蛋白水光注射手部的效果也非常好。笔者喜欢胶原蛋白水光和玻尿酸水光相结合的疗法，前者可增加手部皮肤胶原蛋白量、丰盈度和白皙度，后者可增加手部皮肤水合度、滋润度和细腻度。

临床中具体怎样配比胶原蛋白水光和玻尿酸水光，需根据临床皮肤状态而定。一般来说，缺水的皮肤应多补玻尿酸，黄气重的皮肤应多打几次胶原蛋白水光针。

38. 什么人适合使用瑞蓝·唯瑅？

大家都知道，年龄的增长，激素分泌水平的变化，不健康的饮食习惯，高强度的工作压力，外加光老化、环境污染等环境因素，这些诸多的内外因素加剧了皮肤的损伤和衰老，导致皮肤弹性变差、软组织松弛下垂、面色暗黄、皱纹出现，严重影响了广大爱美女士的“心情”。

缺水的皮肤就像干的苹果

弹性差
暗黄
细纹
粗糙

当皮肤变得粗糙、出现细纹与松弛时，可通过使用瑞蓝·唯瑅来改善皮肤的质地。切记，注射医生需根据患者皮肤的基线肤质而非年龄来决定是否使用瑞蓝·唯瑅，瑞蓝·唯瑅的全球临床数据显示其受众人群覆盖 18～75 岁的女性。

瑞蓝·唯瑅的注射建议

相关指南推荐瑞蓝·唯瑅的注射层次应为真皮深层或皮下。选择正确的注射层次，可避免结节、包块、透明质酸堆积等不良事件的出现；一旦出现上述不适情况，应立即应用透明质酸酶溶解。

瑞蓝·唯提需要重复注射治疗以维持好的疗效。推荐的治疗方案为：第1个疗程有3次注射（每次间隔4周），之后每年可以重复1~3次注射。在确保疗效和安全性的前提下，治疗方案可做适当调整。

39. 打水光针对头发稀疏、头皮太油有效果吗?

答案是肯定的，而且效果真不错。早在20年前，欧洲就有医生开始尝试使用美塑疗法的方式来控油、改善脱发等问题。

对头皮注射水光主要有以下两个作用。

首先，大部分患者的脱发其实是因为头皮油脂分泌过多而造成的，脂溢性脱发是比较常见的脱发类型之一。我们在水光针中加入肉毒毒素可以达到控油的效果。当油脂分泌不再旺盛，就可以很好地预防脱发了。

此外，如果在水光针的配方中添加肉毒毒素和菲洛嘉(NCTF)，那么在控油的同时，可加速头皮的血液循环，既滋养了头皮，又促进了新生头发的生长，这样效果就更加好了。

很多求美者都反馈，单次注射后，头发太油状况就明显减少了，多次注射后，发量明显增多。

40. 颈纹可以通过打水光针治疗吗?

临床中，颈部年轻化的治疗是仅次于面部的，医生们也在颈部年轻化中探索到了很多的经验。颈部的衰老表现除了颈横纹、颈索、双下巴、松弛之外，还有颈部皮肤干燥缺水、细纹干纹多、弹性降低等。

治疗颈纹要先针对性地注射治疗明显的颈横纹，使用的产品推荐：1∶1 稀释的肤柔美胶原蛋白、瑞蓝·唯瑅，1∶2 稀释的瑞蓝二号，1.5∶0.5 稀释的嗨体。刚刚注射后的颈横纹会有条索样反应，3 ~ 7 天消失，切记不可注射太浅。

但是，单独注射颈横纹往往不能达到很好的效果。因为一般颈部还同时存在皮肤松弛和干燥的问题，而这时候配合上全颈部皮肤的水光注射，给整个颈部肌肤补充水分和营养，就可有效改善颈部的松弛和干燥，增加皮肤弹性。

最后，对于有颈阔肌索带（俗称“火鸡脖子”）的颈阔肌张力大的求美者，需要在颈部的竖条索带上注射肉毒毒素（保妥适），放松颈阔肌肌肉的牵拉、改善颈部衰老的同时，还可以提升面部下颌缘，使我们的下颌轮廓更加清晰。

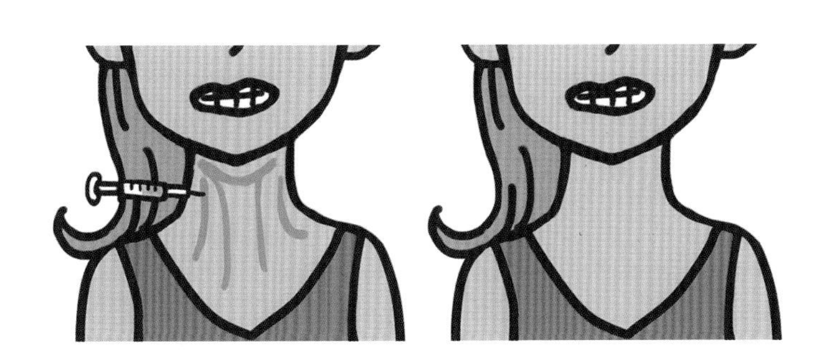

所以，有经验的临床医生会采取肉毒毒素＋玻尿酸＋胶原蛋白／普丽兰／菲洛嘉（NCTF）来实现最佳的临床效果。这些有效成分能够使细胞恢复正常的新陈代谢，从而使老化肌肤的胶原蛋白含量增加。注射复合配方的水光液后，在真皮下可形成新生的自体胶原蛋白网状结构，起到提升紧致的效果。

一般颈纹注射一次的效果可以维持 1～12 个月，同时依据所使用产品的不同和不同求美者的个体差异，效果维持时间也有所不同。

41. 水光注射可以和肉毒毒素注射、填充剂填充、线雕提升一起做吗？

现在万事讲究高效率，皮肤美容也不例外，能一步搞定的绝对不走两步，最好所有治疗项目一次搞定。那么问题来了，水光注射可不可以和**肉毒毒素注射**、**填充剂填充**、**线雕提升等微整形项目**一起做呢，有没有先后的顺序要求呢？

如果你时间非常赶，需要在同一天之内做完这些项目，那么正确的顺序是：

（1）填充剂填充：玻尿酸填充 70% ~ 80% 的量。如果有双美胶原填充泪沟项目的话，需要先用双美胶原填充泪沟再用玻尿酸填充其他部位。

（2）线雕提升。

（3）用剩余的 20% ~ 30% 玻尿酸补充填充。

（4）水光注射。

（5）肉毒毒素注射。

接下来，笔者详细解释为何用上述的操作顺序：

第一步，泪沟这种位置必须先填充完，然后建议用于太阳穴、颧骨下凹陷、法令纹、苹果肌等部位的填充剂先填 70% ~80% 的量，因为埋线后面部肿胀会影响填充剂填充的精确判断，余下的量在埋线后用于“哪里缺，补哪里”。

第二步，埋线。用线雕锚定、提升组织，使下垂脂肪垫复位。

第三步，填充剂余量补充。预留部分填充剂在埋线后补充，这是因为，埋线会复位部分下垂的脂肪，凹陷会随之发生变化，此时注射剩余的玻尿酸更加准确。

第四步，用水光针来改善皮肤状态。

第五步，用肉毒毒素巩固效果和除去动态皱纹。注射肉毒毒素留到最后，是因为水光注射时需要及时用纱布按压止血，而肉毒毒素注射后不能用力按压，需要按压的位置也有相应的按压手法要求。

最后，还是建议求美者最好不要同一天做这么多项目，这样全套下来，第二天面部会很肿的哦！

42. 水光注射可以和光电项目一起做吗?

我们所说的光电项目：其中的光是指激光，激光是通过光热作用起到治疗作用的；而电就是指射频类项目，是一种电磁波，可穿过表皮，抵达真皮层甚至更深层，刺激胶原蛋白再生，常用的射频类项目有热玛吉、热拉提、深蓝射频、黄金微针，还包括使用一些家用射频仪器。

一些仪器的作用机制与热效应相关，比如说，超声刀、热玛吉、射频等，而热效应会加速药物的降解。所以当注射类项目和这些仪器进行联合治疗的时候，我们会选择先用仪器，然后再进行注射，以防止注射的药物被加热后降解加速造成浪费。

水光针的主要注射成分是玻尿酸，对温度相对敏感。光电治疗中产生的热能会加快水光针成分的代谢，因此，水光注射之后2周内尽量不要进行光电美容项目的治疗。如果想把水光注射和光电治疗一起做，可以先做光电项目，除了部分有结痂或者有皮肤破损的光电治疗外，一般的光电美容后可以进行水光注射。

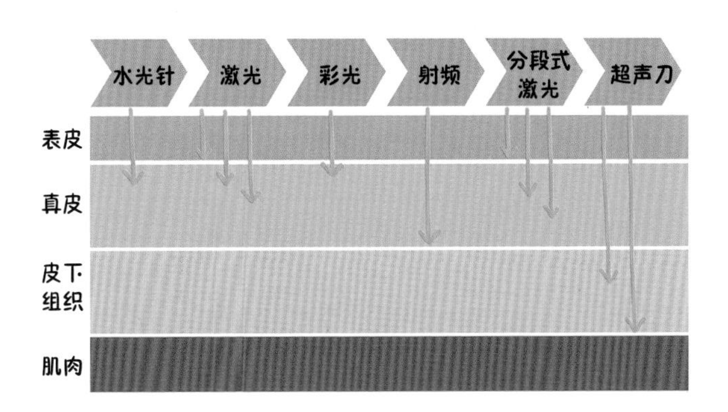

43. 水光针治疗好还是热玛吉、超声刀治疗好？

我们知道，面部问题是很多元化的，同一张脸上，可能存在多个我们很讨厌的问题。

水光针治疗解决的是皮肤表层的问题，包括缺水、干燥、肤色暗沉、毛孔粗大等，注射的时候治疗范围在特别浅表的位置。

热玛吉和超声刀治疗解决的是深层组织的松垂问题，主要作用是提升面部，达到由内而外的紧致效果。

因为二者作用的层次不同，达到的效果也不同，所以不存在哪个更好的问题。

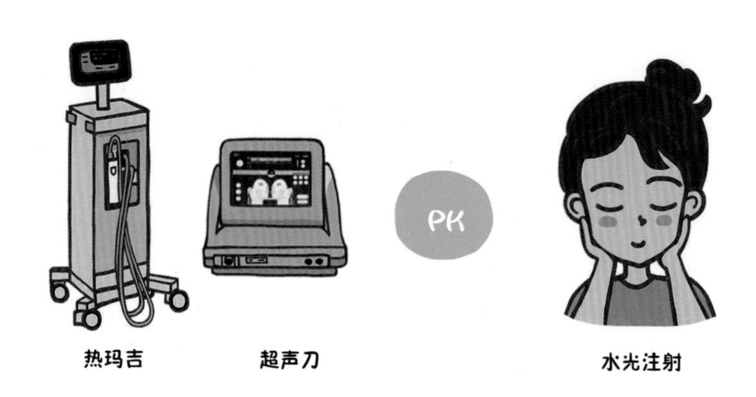

44. 年轻人是不是不应该打太贵的水光针，不然以后老了就不知道打什么了？

其实这个问题更像一句“灵魂拷问”。

这个问题类似于：

年轻人是不是不应该太早用很贵的护肤品，不然老了就不知道用什么了？

其实不是！

首先，你得搞清楚，什么是“年轻人”。每个人对年轻的标准不一样，你眼里的年轻未必是大众认为的年轻。

水光注射的治疗对象并没有一个严格的年龄阶段限定，只要到了 18 周岁就可以。年轻人也是适合打水光针的，只要你有需求，都可以到正规的美容整形医院去注射水光。

皱纹和皮肤老化是逐渐累积的过程，只是在年纪较轻的时候，不会看到皱纹等衰老的明显特征，并不代表暗地里皮肤下的胶原蛋白和弹性纤维没有发生变化。在条件允许的情况下，注射质量好一点儿的、贵一点儿的水光，可以起到预防和减缓皱纹和皮肤老化的作用，当然注射频率可以降低。

当然，不同的“年轻人”经济条件不一样，需要看你个人的抗衰老诉求与消费能力是否相符合。如果符合，不必考虑这些问题。

其实还是适合什么就用什么，一些抗衰成分占比比较重的水光针，可能就不建议年轻人使用。同时，提醒求美者，水光针是否适合与其价格高低之间，并没有必然的关系。

45. 水光针中的成分搭配越多，效果越好吗？

水光针中的药物成分不是越多越好，一般以玻尿酸打底，配1～2种制剂即可，主要看皮肤的基础情况适合哪种成分搭配。

水光液用量一次也不应太多，一次打 7 ~ 8mL，皮肤也吸收不了，这是浪费。

皮肤保养在“勤”不在“猛”，需要适合、适量与适时。

水光针成分配方更要精简，水光液配比要少而精、要有针对性，而不是杂且多

第三部分 水光注射的体验感与不良反应

46. 打水光针会很痛吗？治疗完会不会满脸针眼？

打水光针是一种注射性的护肤疗法，有些人一看到针就害怕，更何况打水光针要在满脸扎针，想想，腿肚子都发软！

打水光针是通过针头将营养物质注射至真皮层，如果直接地扎下去，岂不是“姜嬷嬷”扎针，那疼痛可想而知。所以在进行水光针治疗前，需要在皮肤表面涂抹麻药膏，再进行打水光针操作，在敷麻药膏后求美者在治疗过程中基本上是没有感觉的。

水光针刚打完后脸上会出现一些非常细小的针眼，因为有玻尿酸的注入，在针眼处可能还会有微微隆起的小皮丘。由于水光针的针头是非常非常细的，针眼很快就闭合了，小皮丘也很快就会平整了，有些人做完治疗后敷个面膜，脸上就完全看不到针眼和注射的痕迹了。

一般水光注射后第二天就可以正常护肤了，所以不用担心它会影响正常的工作。

47. 打水光针前敷麻药膏的时候皮肤就发红了，怎么办?

通常情况下，如果因为敷麻药膏时间过久，皮肤可能会出现发红的情况，长时间敷麻药膏会破坏角质层，导致皮肤灼伤。如果只是微红，则不用太担心，卸完麻药膏并清洁消毒之后可以继续注射水光。如果红得明显，建议迅速彻底清洗掉面部的麻药膏，然后冷喷或者冰敷，5~10 分钟后，红褪却，可以继续施打水光针，如果红不褪，暂停后续的水光注射。

但是，如果是麻药膏刚刚敷上没多久就出现皮肤刺痒、疼痛、发红、发烫的情况，这种时候可能要立刻清洗掉麻药膏，然后冰敷，必要时口服抗过敏药，并暂停水光针治疗。有条件的话，可以在下一次治疗的时候更换麻药膏的品牌，来看看求美者是否能耐受。

临床上，这种外敷的麻药过敏是比较常见的现象。当然可以口服抗过敏的药物治疗，例如左西替利嗪片或者氯雷他定分散片。过敏的皮肤每天要冷湿敷 3 次，每次 20 分钟左右。

对麻药过敏这件事，预防重于治疗。建议敷麻药膏前做过敏测试。

如果你就是对麻药膏过敏，还想打水光针，该怎么办？

（1）如果你本身皮肤就比较敏感，可以在涂抹麻药膏前服用维生素 E 或者使用面霜，起到隔离保护的作用。

（2）减少外敷麻药膏的时间。

（3）冰敷后就直接进行水光注射，这对一些忍痛能力极强的人，也不失为一种选择。

（4）面部神经阻滞：用利多卡因在面部神经穿出点做局部麻醉。

48. 注射水光的无菌安全操作措施有哪些注意要点?

任何有皮肤破损的治疗，首要任务就是安全性！尤其是会出血的微整形项目。

（1）水光注射之前应当用碘酒仔细消毒面部皮肤。

（2）水光液的配置过程应严格遵循医疗无菌操作。

（3）水光针的注射针头一人一个。

（4）针头上的软管也要做到一人一个（此点很容易被忽视）。

给大家推荐一款颜层的独立包装、一客一用的“负压管过滤器”，可以有效防止交叉感染的发生，保障效果的同时做到安全变美。

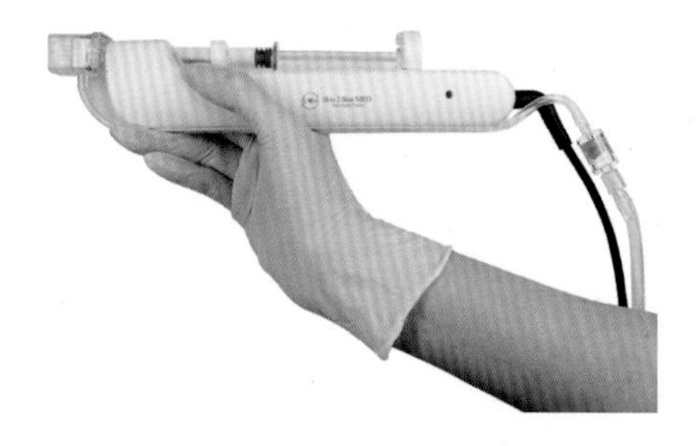

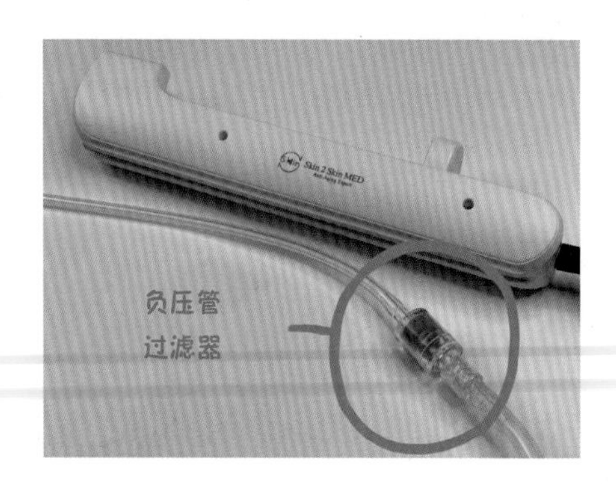

负压管过滤器采用最便捷的子母锁方式，旋转安装，可以适用于市面上绝大多数水光机。过滤器部分可有效防止多余药液及血液进入仪器，延长仪器的使用寿命，独立包装，一客一用，防止交叉感染。

49. 手打注射比较疼还是机打注射比较疼？

手打注射相对来说比较疼一些，但是都还是在我们大家可以接受的疼痛范围之内。

机打虽然注射的针眼有900个左右，然而因为针眼比较均一，且每个点注射量较少，所以疼痛并不明显。

手打注射一般要在全面部打200～300个针眼，深浅和剂量由于是手控的，做不到完全“整齐划一”，单针剂量也会相对多一点儿，注射耗费的时间也长，疼痛感相对高一些。

有经验的医生会选择机打和手打结合的方式来注射，也会根据不同求美者的耐受情况来调整注射的操作手法，最大限度地减轻痛感。

50. 打水光针会流血吗？严重吗？

一、先来分析机打水光针

水光针机打时，负压系统将皮肤吸起，同时在负压的空间中将要注射的药物注射到相应的部位。

因为打水光针时会刺破皮肤表浅层，浅层的血管为毛细血管，不会“流血”，只会有“渗血”，甚至连渗血都很少。即使有渗血，医生使用纱布按压后，渗血很快就会停止，针眼也会很快闭合，不必过于惊慌。

二、再来分析手打水光针

水光针手打，注射层次可能因为医生的技术问题，会深浅不一，如果针扎得深一点儿，出血情况就很难避免了。如果你的注射医生打水光针时求美者出血很多，建议你就果断换医生吧！

51. 打水光针出血越多，效果越好？

也不知道这是从哪儿传出来的！这不是真的。

水光注射的深度是真皮层，有少量渗血是正常的，但如果出血非常多，是因为打得太深了！注射太深不仅会对皮肤造成损伤，而且水光针治疗效果也会大打折扣。当然打得过浅肯定也不行，所以医生的经验和技术是非常重要的，要准确地把营养送到它起作用的地方。

52. 打水光针的过程中，一定会漏液吗？

漏液一般发生在机打的情况下。

在注射水光时，水光枪利用循环负压吸起皮肤，同时多个空心微针刺入皮肤特定层次，注入营养物质或药物，随后负压消失，注射器和皮肤自动分离。

医生要通过选用好的水光设备、水光针头和提高注射技术来有效减少漏药量。

机打给药技术特点是：

(1) 注射有一定黏度的药物（如透明质酸）时要设有后退值，减少漏药。

(2) 可调的循环负压设计，可以有效吸起皮肤，又可防止长期持续负压引起瘀斑、疼痛。

(3) 有多个针头，有效缩短了注射时间。

(4) 注射深度可控，给药均匀，注射速度和给药量可智能化调节，提高了水光注射的安全性和效果，减轻了求美者的疼痛感。

笔者推荐颜层的“梅花针”，应用此针几乎不漏药。

一般说来，使用合法正规的水光注射仪器如德玛莎和颜层机打水光针时，损耗的药液并不多。适度增加水光液的黏稠度，也可以降低漏液量。如果医生操作技术比较好，也可以有效降低漏液量。

如果你感觉到打水光针时漏药很多，也可以果断换医生了。

53. 打一次水光针大概需要多长时间？

水光注射的过程大概有 4 个步骤：

（1）面部清洁，皮肤检测：这个步骤需 5 ~ 10 分钟，目前大部分求美者都会在注射前使用 Visia 皮肤检测仪来测试自己的皮肤状态。

（2）术前敷麻药膏：这部分的时间通常在 30 分钟左右。可根据自身皮肤状态来调整敷麻药膏的时间。

（3）水光注射：如果是手打注射，整个过程大概需 20~30 分钟；如果是机打注射，则在 10 分钟左右。

（4）冷敷与修复：注射后，一般会用无菌医用面膜冷敷 15 ~ 20 分钟，然后外用一些护肤品修复。

因此，一次完整的水光注射过程需要 1~1.5 小时。

清洁 → 敷麻药膏 → 注射 → 敷面膜

54. 打完水光针，必须敷面膜吗？需要很频繁吗？

准确地说，打完水光针后，医生是建议敷医用敷料的。医用敷料一般是无菌的械字号面膜，它不同于妆字号的面膜。

医用面膜相比于我们日常所用的面膜，它的成分更单一，对于皮肤的创面有比较好的保护修复作用。功能上也以修复、保湿为主。而我们日常用到的面膜，经常会添加荧光剂（用完面膜立刻产生亮白效果）、酒精（达到促渗的效果）、各类美白和抗衰老成分（有些会对皮肤产生刺激）等。

玑愈：是一款无防腐剂、无香料、无激素的医疗无菌修复面膜，采用 60 钴射线医用消毒方法消毒，安全可靠，并荣获“微整形后镇痛消炎促愈合”的专利权。

主要用于：激光、水光针治疗后的皮肤抗感染、镇痛、止痒、褪红、修复等。

其含有的各成分的功效：积雪草等成分可消炎抗菌，止血化瘀；小分子玻尿酸帮助肌肤建立立体式的保湿网络，减少经皮水分的丢失；海藻糖可保持细胞活力和生物大分子活性，保护细胞不受损伤，增强皮肤细胞对恶劣环境的耐受力；甘露醇、神经酰胺、金缕梅等成分在保湿的同时稳定细胞 DNA，缓解皮肤的敏感状态，减少细纹的产生，令皮肤光滑而富有弹性。

打完水光针之后，皮肤的通道已经打开了，此时皮肤吸收水分的能力非常强，我们应抓住机会大量补水。一般在打完水光针之后的 1 周内，建议每天敷 1 次面膜，这样不仅可以锁住皮肤的水分，而且更加有利于皮肤修复；在 1 周之后可以减少频次，2~3 天敷 1 次就好。

另外，在打完水光针之后注射部位可能会出现肿胀的情况，所以一定要注意护理。

这样操作下来，打完水光针后 7 天左右，我们的皮肤就开始变得水当当啦。

55. 水光针打完多久可以见效?

打过水光针后是不是皮肤马上就变得 Bling Bling 的了？一般注射后要经历 2~5 天的恢复期，脸上可能会有小鼓包、针眼；另外有些分子量大点儿的玻尿酸，因为吸水较强，如果补水修复没有做好的话，会感觉皮肤较干。但过了恢复期，慢慢你就会发现皮肤明显变好了，肤色亮白、毛孔小了、皮肤不干了、妆容更加服帖了。

简单来讲，打水光针有一个周期性，一般在打完后 5~7 天才开始显现效果。

56. 打了水光针后脸上有小鼓包，多久可以消退？

打水光针是通过特殊的注射针头（5 针头或 9 针头）将针剂输送到真皮层，刚注射完，可能在注射部位出现一个个小鼓包，这是营养物质进入皮肤的表现，一般 1~3 天就会基本消退，无须担心我们的脸会变成“菠萝脸”。

鼓包出现的大小和持续时间与很多因素有关：

一、水光针的成分

分子量大的玻尿酸引起鼓包的概率比较大，因为其吸水力较强，鼓包持续时间也会长些，为避免发生这种情况，可以稍微稀释一下再使用。像菲洛嘉（NCTF）这款产品，玻尿酸分子量小，且其他复合成分均属于细胞必需的营养物质，不会造成对皮肤的刺激及操作后的鼓包现象。

二、注射的深度与剂量

水光针的针头长短是可调的，因为不同人、不同部位的皮肤厚度都不一样；如果注射层次太浅或者单次注射量太多的话，比较容易出现鼓包。

三、皮肤过敏

正常的鼓包是注射后马上出现，可能会有短暂的红肿，随后鼓包会越来越小，直到消失。如果注射后过段时间才出现鼓包，或持续不退，或出现持续的红肿、瘙痒，就要警惕可能是过敏反应，甚至可能是感染，请及时就医。

水光注射还是要到正规机构，找专业的医生！

也有很多医生将交联玻尿酸（平时我们做填充用的小分子玻尿酸）稀释（但是稀释得不够“稀”）后注射，然后求美者出现一脸的皮丘，很长时间都不能消退；出现这种情况的话，也不要怕，回去找你的主诊医生，用玻尿酸溶解酶注射每一个小包包，非常有效，第二天就会退掉。这种“交联玻尿酸水光”如果注射得好，效果会超过普通水光，最大的好处在于效果维持时间久，每年注射 1 ~ 2 次就够了。

57. 为什么我打完水光针脸都肿了？

注射水光的过程皮肤会有针头的刺入和药物的注入，短暂的刺激会引起面部轻度肿胀。一般注射结束后护士会协助做些补水、保湿、消炎的冷敷措施，这可以缓解绝大部分的肿胀。

不过打完水光针一般都仅有轻微的肿胀，外表基本是看不出来的，1~3 天肿胀就能完全消退了。

如果打完水光针之后，肿胀长时间不退，并出现泛红、瘙痒，甚至有渗出，就要警惕是不是过敏了。

58. 打完水光针后的注意事项有哪些?

水光针打完了就结束了吗?

No！后续的护理也很重要！护理做得好的话，才会把水光针的效果维持到最佳。

- 水光治疗后，敷用医用面膜，如玑愈（“械字号”，这种面膜是无菌的），可对皮肤起到舒缓的作用，并促进皮肤的修复，如果有轻微红肿，可以局部冰敷。另外，透明质酸是保水结构，相当于储水罐，这时加强补水有助于促使透明质酸充分吸水。

- 治疗后4~6小时内针眼基本闭合，此后一定要用面霜，因为消毒等措施，可使皮脂膜暂时性缺失，皮肤水蒸发更

快，面霜的及时使用会缓解很多。

- 术后保持面部的清洁，治疗后 4 ~ 6 小时内面部应避免沾水，因为这时水光注射的针孔还没完全闭合，沾水后可能会造成局部的感染。
- 术后 2 周勿过度按摩揉搓，避免射频等促进水光代谢的治疗，不饮酒，不蒸桑拿，忌食辛辣刺激的食物。
- 术后 3 天避免化妆，这时的皮肤还在修复过程中，化妆品中的刺激成分可能会影响皮肤的修复并易诱发皮肤过敏。
- 注意防晒。

59. 打完水光针，需要更换护肤品吗？

打完水光针之后，皮肤都是比较脆弱的，还特别容易过敏，水光治疗后 3 天内可每天使用医用护肤品，因为此时的皮肤还在恢复过程中，使用自己的日常护肤品是有风险的。医用护肤品具有保湿和修复的作用，可以一举两得。

对于洗脸，一般来说，打完水光针 24 小时之后便可以正常洗脸了，24 小时后，针眼已经痊愈。不过注意洗脸的动作一定要轻柔，因为这阶段的皮肤（尤其针眼部位）依然比较脆弱，对于外界的刺激十分敏感。

因此在选用清洁类产品的时候，要尽量选择温和并且安全度高的产品，同时可以选择一些含有保湿及抗感染成分（如甘露醇、鼠李糖、甘草提取物等）的产品，来维护皮肤的屏障功能。

通常在治疗后，推荐求美者使用法国进口的贝德玛舒妍多效洁肤液进行清洁。

使用方法：先用洁肤液浸透化妆棉，接着把化妆棉湿敷在面部 5~10 秒，然后轻轻地由内向外擦拭。当化妆棉变脏之后，要及时地更换新的化妆棉，并重复之前的步骤。最后，直到化妆棉上没有任何颜色了，便代表我们的清洁过程也完成了。总的来说，这是一款非常适合求美者治疗后使用的清洁产品。

洁面后，推荐使用一款来自法国的保湿喷雾，雅诗敦盈沛靓源精华水喷雾。

这款喷雾的特别之处在于它添加了独有的“真细胞精华水”这一发明专利，“真细胞精华水”和表皮细胞液的构成有着非常近似之处，因此能够迅速被表皮细胞辨认和吸收，起到更好的修护作用。

其次“真细胞精华水”中的亚牛磺酸和肌肽这两个成分，可以强化皮肤细胞的抗氧化能力，从而迅速地清除水光针治疗后表皮内产生的自由基，达到抗氧化效果。

这款喷雾中还含有低分子量透明质酸，比起普通的透明质酸，能够更有效地渗透到表皮中，深层润泽的同时也巩固了水光液本身的补水功效。

作为一款可以在水光针治疗后使用的保湿喷雾，它不添加任何香精、酒精、防腐剂等可能给皮肤带来致敏风险的成分，让求美者能够十分安心地去使用它。

在治疗后使用的时候，我们将喷雾置于距脸部 20cm 处进行按压，让水雾均匀轻柔地落于皮肤上。无须用纸巾擦拭，自然地等待皮肤吸收即可。求美者可以根据自己的需求，每天不限次数，随时随地用它来抵御自由基、赋活能量、修护保湿。

60. 打完水光针多久可以化妆？

水光针治疗后，皮肤上的细小针孔会在4~6小时内闭合，所以在治疗后的6小时内，除了可以敷医疗级的补水面膜（械字号）外，不能沾水或涂其他护肤品。6小时后才可以进行基本的护肤如清洁、保湿等，但避免使用有刺激性的护肤品，护肤时尽量轻柔，减少摩擦。

治疗后3天内尽量避免彩妆，因为刚做过水光针治疗的皮肤还比较脆弱，需要时间修复，而彩妆里可能含有一些刺激性成分，比如防腐剂、香料、染料等，这些成分可能会引起红肿、感染或刺痛等刺激症状。如果皮肤较敏感或者治疗后出现红肿，建议化妆时间延迟到治疗后1周或等症状完全消失后才可以进行。

61. 每个月都可以打水光针吗?

水光的注射是按疗程来的，的确需要多次注射。

注射周期和次数因为水光液配方的不同而有很大差别。

首先我们来说一下短效的水光配方，如：菲洛嘉（NCTF）、普丽兰、英诺等。刚开始治疗时，可以每 2～4 周注射 1 次，连续 3 次后可以将治疗间隔拉长些，1～3 个月注射 1 次，持续注射，疗效可以延长。

再来看看比较长效的水光配方，如：瑞蓝·唯瑅和双美胶原蛋白水光。刚开始治疗时，可以每 2～4 周注射 1 次，连续 2 次后可以将治疗间隔拉长些，2～4 个月注射 1 次。

这样，我们的皮肤会一直维持在较好的状态。

当然，也需根据个人的皮肤基础情况来确定有效的治疗次数。

62. 水光针效果可以维持多久？

水光针里的玻尿酸以及其他营养成分注入皮肤后，会逐渐被机体代谢掉，所以你的保养是要持续进行的，就像我们打扫房间一样要定期进行。具体水光针的效果维持时间与水光产品中的成分和个人肤质有关。

一般根据水光针中的透明质酸和胶原蛋白的代谢速率，水光针疗效可维持 2 周至 12 个月。如：肤柔美胶原蛋白水光的疗效可维持 4 ~ 6 个月。

若水光针中添加瑞蓝 · 唯提或交联胶原蛋白（肤丽美），则疗效维持时间会更长。笔者研究发现，交联胶原蛋白（肤丽美）每个月注射 1 次，连续注射 3 次，可明显改善肤色、肤质，疗效维持时间可达 12 个月之久。

由于每个人的体质、肤质、生活习惯都不同，所以对同一款水光针的代谢时间也是不一样的，疗效的维持效果也是有所差异的。

为了让我们的水光针达到最佳的效果，水光针治疗后的护理很重要。肤质干燥、疏于保养的人可能维持较短的时间，水光针治疗后不要过度按摩揉捏，并避免高温湿热的环境（比如蒸桑拿等），不可长时间在阳光下暴晒。刚做完治疗的几天可以每天敷一次医用修复面膜，禁止饮酒及食辛辣刺激性的食物。这样才可以使我们的治疗效果达到最佳。

而对于像菲洛嘉（NCTF）这样的复合成分的美塑产品，可以通过疗程治疗、持续保养，叠加治疗效果，以维持年轻皮肤状态、延缓衰老。

63. 为什么我打完水光针之后，面部色斑比以前要严重？

一般情况下，水光针治疗后是不会出现色斑加重的情况的。

如果出现了色斑加重，分析可能有如下几种原因：

(1) 局部麻药膏的刺激或者过敏引起的暂时性色斑加重。

(2) 水光针治疗后防晒和修复工作做得不到位。

(3) 自身内分泌影响或者作息不规律。

(4) 少数情况下，针刺破皮的皮肤损伤引起暂时性的色素沉着异常。

如果出现了水光针治疗后色斑加重，请立即联系你的主诊医生，及时检查。

64. 我做了水光针治疗，以后不做了，皮肤会不会比没做之前更差？

答案是——不会！

水光不是激素，不会产生依赖性，所以根本没有停用后皮肤会变差这种说法。

水光针治疗是通过给皮肤注入营养物质来改善肤质、补水的，而且治疗时是通过针刺在皮肤上建立通道，将有效成分输送到皮肤深层的，这样作为一个微损伤，它会启动损伤后再修复，在这个基础上刺激胶原蛋白的合成，使我们的皮肤更加紧致，有光泽。

所以水光针治疗不仅是被动地给皮肤补充营养，其实在这个过程中还刺激了皮肤的再生，作为长期的皮肤维养，水光针治疗是不错的选择。如果停止了这项治疗，我们的皮肤只能随着正常的衰老步伐进展；就算再好的皮肤，如果你疏于保养，皮肤也会慢慢变差。这是很正常的事情，不是水光针的错，所以，好皮肤是需要定期维护的！

只是，水光再好也不能过度注射。一般情况下，短效水光每年可注射 4~6 次，长效水光每年可注射 3~4 次。

过犹不及，物极必反！

65. 打水光针会上瘾吗?

“网传的打水光针会上瘾是不是真的呢？打了一次就会上瘾吗？”其实打水光针是越来越倾向于“日常保养”的医美项目，它是高效、专业的医疗护肤方式。像日常护肤一样，就算是再好的皮肤，如果疏于保养，皮肤也会慢慢变差，这是很正常的事，又不是水光针的错……。

而网传所谓的会“产生依赖”，大概也是因为亲眼见证在水光针的作用下皮肤确实有效改善，而无法接受皮肤状态变差，这是一种心理上的落差啦。

所以，那些“打了水光针会上瘾”的说法！是不科学的哦！

66. 为什么我打完水光针之后皮肤泛黄?

少数人打完水光针之后会出现短暂的皮肤泛黄。不过不用担心，皮肤泛黄往往只是一个短暂阶段。

一方面，皮肤有个修复过程，在修复过程中会有一点儿轻微的炎症和水肿，修复过程中角质层也会有变化，所以看着会有些泛黄暗沉。

另一方面，注射的过程中会有微细毛细血管损伤，虽然这种损伤小到看不到“淤青”，可是还是会有血细胞溢出至组织当中。这些溢出的血细胞会在 7 天左右被机体分解代谢掉，在这个分解的过程中会产生一点点黄气。就如同你不小心碰伤腿后出现的淤青，会经历一个从青色慢慢变成黄色，最后再消失的消退过程。

大家不要太担心，最终这些泛黄是会消退的。也建议医护人员，在施打水光针时，要及时按压，尽量减少血细胞的溢出量，避免治疗后皮肤泛黄，并缩短恢复期。

67. 为什么我打完水光针之后毛孔变粗了？

少数人打完水光针之后会出现短暂的毛孔变粗。

水光注射后，水肿修复期内由于皮肤存在炎症，毛孔可能会变粗。

另外，有些患者皮肤比较敏感，可能会出现短暂的毛孔变粗。

最后，毛孔粗大也与季节有关，因为油脂的分泌会随温度的升高而增多，所以毛孔在夏天也会变粗。

想要避免毛孔变粗，可以在水光配方中适当加入一些肉毒毒素。

而且随着年龄的增长，因为胶原蛋白的流失，胶原支撑力不够，毛孔就会塌陷、变大！大家千万不要期待做一次水光针治疗，毛孔就会变小！世界上没有一劳永逸的事情，抗衰老也一样。有时候毛孔是否变小，你肉眼是看不出来的。临床观察发现，大多数求美者在经过 3 次水光针治疗以后毛孔才会明显变小。

68. 为什么打完水光针有些人的脸很快就不肿了，我的脸要肿好几天？

临床中的确会遇到一对闺蜜相约一起来打针，两个人的恢复时间却不一样的情况。这很正常啊！

如果注射的产品不一样，退肿时间也是有差别的。有些成分的确会引起短暂的面部肿胀。

而即使是相同年龄、相同成分的水光配方，也会因为个体差异而出现退肿时间不一样的情况。就像有些人代谢快，有些人代谢慢，有些人怎么吃都吃不胖，有些人喝凉水都长肉一样！

69. 我打了水光针感觉皮肤更干了，是怎么回事？

打完水光针不就应该是皮肤水当当的嘛，怎么会皮肤更干燥了，是不是打了假的水光针？

事实并非如此，确实有人在正规机构使用正规产品出现了这种情况，皮肤变得更干燥了！是什么原因造成的呢？

一、选用的水光针种类

水光针中的玻尿酸也包含大、中、小分子玻尿酸，如果选用的玻尿酸分子量较大，吸水性较强，注射入真皮层后会吸收皮肤的水分，短期内会出现皮肤干燥的情况。不过不用担心，3~5天后皮肤状态就会好转，而且大分子玻尿酸的效果维持时间会长些。

二、麻药膏刺激反应与水光针针刺损伤的修复过程

有些人虽然对麻药膏没有明显的过敏反应，然而麻药膏多多少少对皮肤是有刺激损伤的，加上水光针的针刺损伤，皮肤在修复的过程中会有短暂缺水的现象。

三、水光针治疗后的护理

在我们打水光针时，皮肤会打开很多通道，给我们的皮肤输送营养物质。这是个双刃剑，如果通道闭合前，我们没有做好相关的修复，也会出现皮肤干燥等问题。所以治疗后的护理很重要，治疗后 3 天每天要敷“械字号”医用面膜，做好补水与防晒。

70. 为什么有些人打完水光针后会爆痘呢？

痘痘肤质的求美者，会不会因为打水光针给皮肤补充营养太足了，爆痘更厉害啊？

这里我们要先看看痤疮的发病机制：

长痘痘原理图

1. 油脂分泌过多

2. 毛囊口角化过度

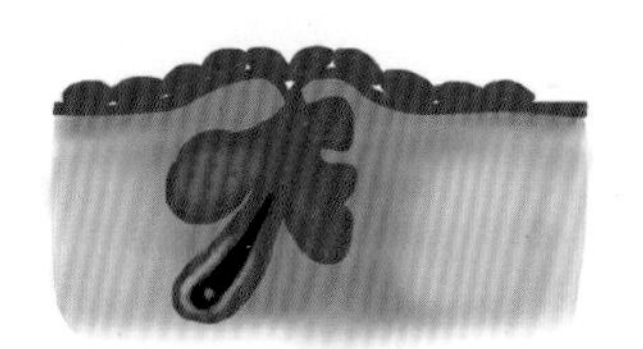

3. 细菌感染

4. 形成痘痘

由图可知痘痘的发病机制：

（1）皮脂腺分泌过多油脂（“垃圾”产生太多）。

（2）毛囊口角化过度（“垃圾箱”盖子又被封了）。

（3）细菌感染（“垃圾”放置时间长了，生“虫子”了）。

而水光注射对这些因素基本没有影响，因此，说打水光针会“爆痘”，这个锅——水光针不背！

但当面部有较多炎症性的丘疹、脓包时，若进行水光注射，注射后爆痘的风险会加大！因为当皮肤在急性炎症期时，皮肤是受感染的，有创的水光注射操作可能会引起炎症的扩散，造成痤疮。

还有一种注射水光后“爆痘”的原因其实是皮肤对麻药膏过敏，使面部出现很多的小疹子，甚至出现脓头，伴随瘙痒、红斑等。这种情况较多见于敏感的皮肤，因此，水光注射前要先做麻药膏的过敏测试，测试结果呈阴性，才能全面部敷麻药膏。

另外，在皮肤的急性过敏期内是不建议注射水光的。

战 痘 人 生，
机关“酸”尽

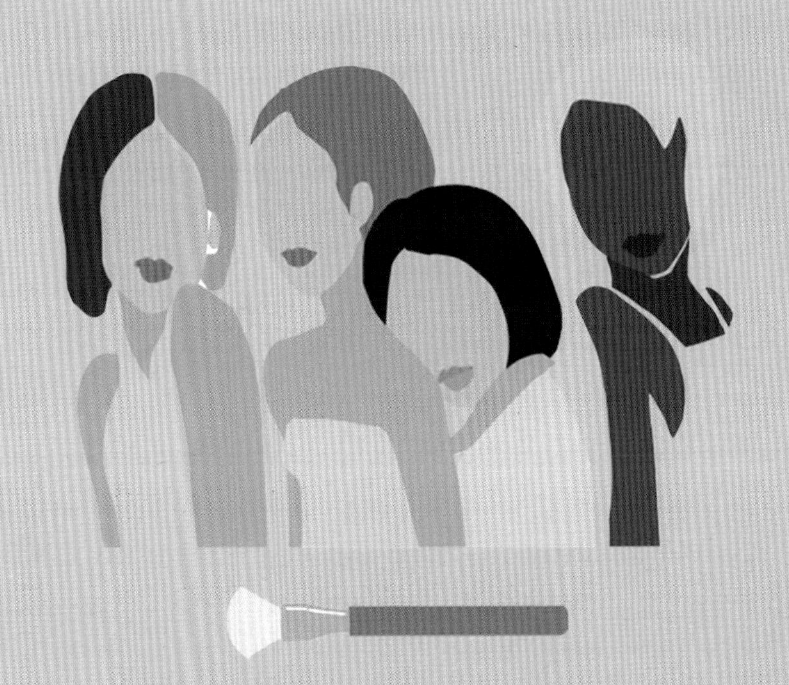

1. 什么是“刷酸”？

不知从何时起，“刷酸”被推崇为一种能解决大部分皮肤问题的方法，不少护肤达人也在推荐五花八门的“刷酸”产品。

“刷酸刷得好，男票不愁找”，是最近网上特别火的刷酸宣言。

刷酸其实是化学剥脱术或者是化学换肤术的俗称。简单来说，它是一种使用换肤剂帮助皮肤“推陈出新”的医美方式。它是一种通过可控性地更新角质，达到促进皮肤新陈代谢、有效改善肤质情况的常用医美手段。

各种换肤剂常用于治疗痤疮、黑头、痘印、毛周角化等。

2. 酸（换肤剂）的种类非常之多，都有哪些常见种类的酸呢？

一、α-羟基酸（AHA）

α-羟基酸其实就是“果酸”的学名，求美者恍然大悟了吧？

果酸的种类大家也并不陌生，甘蔗中的甘醇酸，柠檬中的柠檬酸，牛奶中的乳酸，杏仁中的苦杏仁酸，苹果、葡萄中的酒石酸，这些都是 AHA，也就是果酸。哈哈，是不是我们平常都有可能在接触呢？

不同浓度的果酸，有不同的护肤和治疗皮肤问题的功效。

代表品牌：芯丝翠。

二、β-羟基酸（BHA）

β-羟基酸这个学名你们也很陌生吧？哈哈，其实就是“水杨酸”！

那些含有低浓度（2%）水杨酸的护肤品已经成为众多护肤品牌的“当家花旦”了。

代表品牌：博乐达。

3. 果酸有什么作用？原理是什么？

广大“战痘者”们对果酸换肤都不陌生，多数医疗机构都有果酸治疗，那么果酸有什么作用？治疗原理是什么呢？

果酸是从天然蔬果中提取出来的一类酸。果酸有很多种，从甘蔗中提取的叫甘醇酸，从柠檬中提取的叫柠檬酸，从杏仁中提取的叫苦杏仁酸……。果酸属于天然有机酸，它的分子结构简单，无毒、无臭，渗透性强，作用安全。

甘醇酸：最早是从甘蔗中提取的，是果酸种类中应用最广的一种。其分子量最小，因此它最能往皮肤里钻，渗透性最强，疏通毛囊口和更新角质效果也最好，是我们做果酸换肤中最常使用的酸。治疗皮糙肉厚的闭口粉刺、胳膊大腿上的“鸡皮肤”，我们就首选甘醇酸，没错！

柠檬酸：柠檬酸是从柠檬中提取的一种酸。说到柠檬，大家肯定会联想到美白！柠檬酸不仅具有剥脱角质的作用，还因为是一种抗氧化物质，所以对提亮肤色和炎症后色素沉着、痘印、黄褐斑都有不错的治疗效果。长期使用，柠檬酸还可以让肌肤更年轻紧实，是很多爱美人士的长期保养品。

苦杏仁酸：苦杏仁酸也称扁桃酸，是一种多功能果酸，是一种脂溶性果酸，是一种很温和的酸。除了治疗痘痘之外，苦杏仁酸还具有调节油脂平衡和抑菌抗感染作用，所以治疗“大油田”肌肤和炎症痘痘肌肤可以选择苦杏仁酸。

综上，可见每种酸都有自己的特长，有些时候医生会选择混合刷酸方式，现在也有一些果酸产品被做成混合制剂，使用起来更加方便。

果酸医美科技在不断革新，除了我们上面介绍的经典第一代 AHA 技术之外，还有温和调理的第二代内酯葡萄糖酸（PHA）技术，具有修复、抗氧化作用的第三代乳糖酸（Bionic Acid）技术，以及具有加快表皮层更新和抗氧化、保湿、美白作用的第四代麦芽糖酸技术。

目前医院里刷的酸主要还是第一代酸 AHA，而第二代酸 PHA 和第三代酸乳糖酸是配合家居护理用的。

好了，果酸的种类和区别就介绍到这里，但具体用哪种，用什么浓度，一定要先面诊再治疗。

4. 什么是水杨酸？水杨酸和果酸有什么区别？该如何选择？

原来我们说的刷酸中的“酸”除了果酸外，还有水杨酸。“五花八门的果酸的区别我刚刚搞明白，这水杨酸又是什么？”皮肤科医生一直都很爱水杨酸的，因为水杨酸是抗感染杀菌的一把好手。然而因为它是脂溶性的，一般只能溶于酒精中保存，因而以往不能用在面部；但随着技术的进步，目前有一种“超分子”技术解决了这个问题，水杨酸换肤就应运而生了。

大家一定都听说过水杨酸的大名，一些含有低浓度（2%）水杨酸的护肤品已经成为众多护肤品牌的“当家花旦”，相信也是不少朋友的“心头好”。

最强网红“超分子水杨酸”。

接下来我们来看看水杨酸的优势：

- 水杨酸不会引起皮肤发炎。皮肤不发炎，就不容易导致换肤后诱发的皮肤敏感；不变成敏感皮肤，就不会引起炎症后色素沉着。所以敏感肤质的人想刷酸，又怕耐受不了果酸的刺激，可以考虑水杨酸。
- 水杨酸有抗感染作用。在治疗湿疹等过敏性疾病时，皮肤科医生常常用到水杨酸，这是因为水杨酸有抗感染作用，这也是水杨酸可以用来治疗玫瑰痤疮、激素依赖性皮炎的原因。
- 水杨酸具有双向角质调节作用。水杨酸在浓度 2% 的情况下，具有角质促成作用；在浓度大于 5% 的情况下，具有角质剥脱作用。
- 水杨酸是脂溶性的。它能深入毛孔，带走毛孔里的“垃圾”，所以对于黑头，它的效果杠杠滴！

综上，当你面部是以红色丘疹、囊肿、脓包为表现的炎症性痘痘为主时，建议你选择刷水杨酸。如果你有闭口粉刺、鸡皮肤，刷果酸更适合你！

5. 什么是“超分子水杨酸”？它和一般的水杨酸有什么不一样吗?

SK2、TOPIX、倩碧、彼德罗夫、博乐达、理肤泉、薇姿，以上这些品牌都是含有水杨酸成分的护肤品。那么传统水杨酸和“超分子水杨酸”的区别在哪呢?

首先我们要知道，水杨酸不易溶于水，它是脂溶性的。所以传统的水杨酸制剂会使用酒精或者其他有机溶剂来溶解，但这些溶剂会刺激皮肤。另外，由于 2% 水杨酸的 pH<3.0（正常皮肤 pH4.5 ~ 6.5），会刺激皮肤发生炎症，如果加入中和剂，虽然可以中和水杨酸的酸碱度，但会降低水杨酸的疗效。

为了解决这些问题，超分子水杨酸出现了，普通化学分子通过共价键连接，而超分了通过分了之间的“自动智能选择性识别和自我组装”的一种方法连接。这种改变，使水杨酸在不使用任何有机溶剂的情况下也能稳定溶于水。

超分子水杨酸还具备了缓释、控释能力，可持续 12 小时发挥作用，提高了生物利用度，同时又避免了传统水杨酸对皮肤的刺激。

超分子水杨酸，无须酒精增容，无须碱性中和剂中和，温和持续缓释、控释，6 小时内释放水杨酸达 75% 以上，更便于求美者建立对水杨酸的耐受。

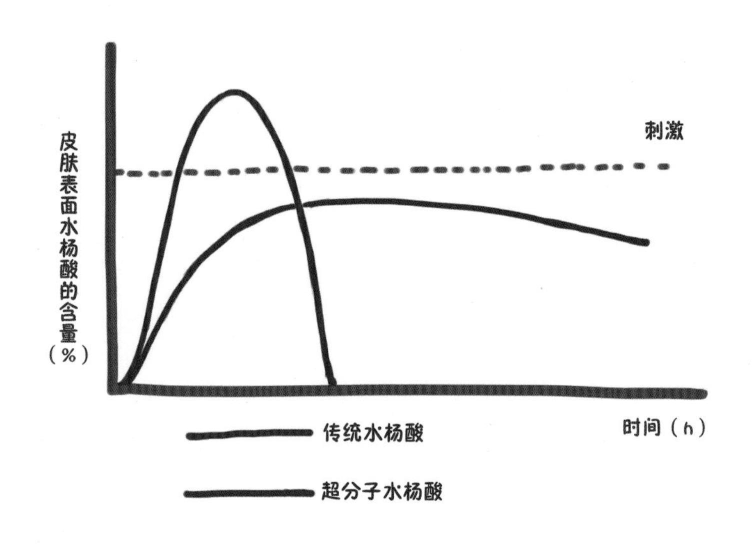

6. 为什么水杨酸可以有效治疗痘痘，尤其是炎症期的痘痘？

超分子水杨酸作为“亲脂性”的剥脱剂，它能有效缓解痤疮问题，它对改善毛孔粗大、油性皮肤等亚健康状态都有非常好的疗效。

大家都知道痘痘在医学上称为“痤疮”，可表现为丘疹、粉刺、脓包、囊肿甚至瘢痕。发病原因就是皮脂腺分泌旺盛、毛囊导管皮脂异常角化、痤疮丙酸杆菌的感染以及“炎症”和免疫的反应等。简单地说，就是我们的毛囊皮脂腺油脂分泌得多，开口又被堵了，里面的脏东西堆积时间久了就会继发感染引起痤疮。

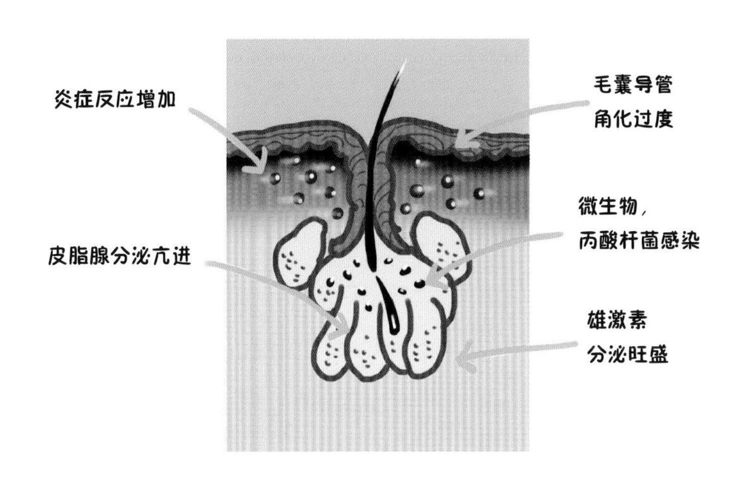

“超分子水杨酸”就是针对痤疮的这几个发病原因来改善肤质的：

（1）改善角化过度，使皮脂可以顺利排出，避免皮脂在毛孔处堆积。

（2）抑制皮脂腺分泌。

（3）抑制痤疮丙酸杆菌生长，促进炎性皮损的消退。

（4）多通路抗感染机制，促进炎性皮损的消退。

综上，如果你的面部具有以红色丘疹、囊肿、脓包为主的炎症性痘痘，建议你选择进行水杨酸治疗。

7. 刷酸会让皮肤越来越薄吗?

刷酸可以祛痘、美白、去黑头……

那么多好处，突然有一个声音吼道："刷酸是剥脱作用，会让你的皮肤越来越薄！"

吓死人了！！！！

刷酸真的会让皮肤变薄吗?

我们的皮肤都有自我修复和新生的能力，医用果酸只会溶解皮肤最表层的老旧角质层，正常人的角质层有十几层，在去除老旧角质层后，还会有里层表皮继续增生形成新的角质层。

所以只要不频繁刷酸，听从医嘱，定期的刷酸不仅不会让我们的皮肤变薄，还可以增加真皮中的弹性纤维，使皮肤厚度增加，更光滑、更富有弹性。

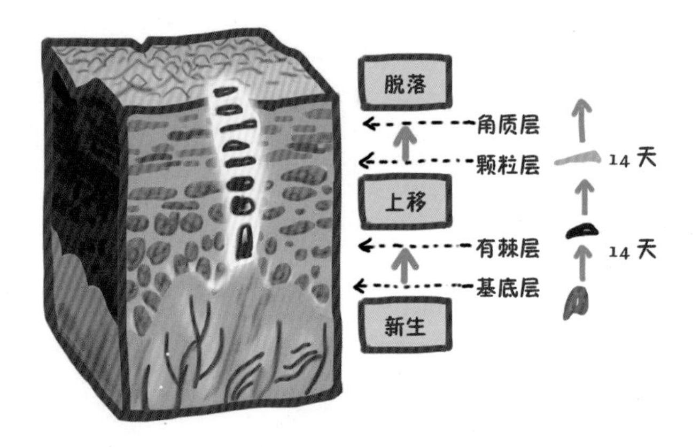

但有些人不在正规医疗机构做果酸换肤，而是自己买来一大堆含不明美白成分的护肤品往脸上涂，或者刷酸的适应证没选择好，或酸的浓度过高，或刷酸过于频繁，或家居护理不当等，确实会引发一些屏障功能受损现象（“薄脸皮”和“敏感肌肤”）。

8. 刷酸可以治疗痘痘，对痘印有效吗?

答案当然是：YES！

我们的痘印分为红色痘印、黑色痘印和痘坑，刷酸是通过以下机制来改善痘印的：

一、红色痘印

因为痘痘的发生部位有炎症，引起毛细血管扩张，痘痘消退后，毛细血管通透性未恢复至原来状态，局部炎症充血，这时候苦杏仁酸和超分子水杨酸的强大抗感染作用就可以发挥了。

二、黑色痘印

黑色痘印就是炎症消退后的色素沉着，像我们被蚊子咬个包，有些人有包的部位消退后也要黑一段时间。使用水杨酸可以促进老化的细胞脱落，减少黑色素的产生，改善痘印，提亮肤色；也可以使用甘醇酸加速代谢，使用柠檬酸抗氧化美白，二者联合应用，可快速消除痘印。

三、痘坑

果酸和水杨酸可以刺激胶原蛋白合成，皮肤胶原蛋白的生长则可以把痘坑填平，所以刷酸对痘坑也是有一些帮助的，只是作用不如点阵激光效果好。

刷酸可以帮助修复痘痘留下的这些“后遗症”，但是它的作用还是相对太微弱，所以更好的治疗一定要加上更有针对性的产品，比如：红色痘印、黑色痘印可以联合使用光子嫩肤治疗；痘坑可以联合使用点阵激光治疗。这样才能更好地改善痘痘遗留的问题。

9. 敏感肌肤可以刷酸吗?

现在敏感肌肤者真的越来越多了：时不时的就会出现皮肤干燥、脱皮；一用护肤品皮肤就刺痛；进空调房间或者激动就脸红、发烫；经常莫名的脸上起红斑、小疙瘩……。很多长痘痘的小伙伴同时也有这些皮肤问题。

“我的皮肤也很脆弱！都说刷酸让皮肤越来越薄，我这样的皮肤可以刷酸吗？”

首先，敏感肌肤和皮肤过敏是两回事；如果处于急性过敏期，很多治疗都是不能做的，也耐受不了酸的刺激。

但如果你只是敏感肌肤，临床症状又需要刷酸治疗的话，只要你处于非过敏阶段，医生就可根据你的病症改善需求来为你选择适合的换肤方式。如：更为温和安全的水杨酸、芯丝翠，温和缓释技术的柠檬酸、苦杏仁酸治疗。

再次强调，如果皮肤正处于过敏发作期，请不要刷任何酸，治疗过敏为当务之急。

10. 肤色暗沉、黄褐斑可以通过刷酸治疗吗？

答案：肤色暗沉可以刷酸治疗，而黄褐斑需要联合治疗。

黄褐斑是好发于两侧面颊颧骨部位的对称性黄褐色斑片，又称“肝斑”“蝴蝶斑”“妊娠斑”。三四十岁的女性经历了结婚生子，往往不经意间就变成了“黄脸婆”，感觉脸黄黄的，很不干净，再也不是以前的那种白净肌肤，这其中最常见的“杀手”就是黄褐斑！黄褐斑刚开始时是一点点的斑，后期它往往呈片状分布，让整个面颊和颧骨部位都黄黄的。

黄褐斑的发病原因很多：紫外线照射、使用化妆品不当、妊娠、内分泌紊乱、使用药物不当、遗传等。

黄褐斑的治疗方法也很多：口服药物、外用氢醌、服用左旋维生素 C、激光治疗等。

换肤治疗可以用于黄褐斑、日晒斑、色素沉着、皮肤暗沉的治疗。只是其效果不如激光治疗。

黄褐斑的治疗一定要耐心、耐心、再耐心，做好长期“抗战”的准备。建议联合治疗，平时要做好防晒，修复皮肤屏障，必要时可以联合口服氨甲环酸、调 Q 激光治疗，效果才能更好。

坚持

11. 身上的“鸡皮肤”可以通过刷酸来改善吗？

一到夏天，很多女孩子就发愁了，看到别人穿上吊带衫、短裙，露出光洁的胳膊和大腿，再低头看看自己上臂和大腿的“鸡皮肤”，一颗颗小颗粒，看上去凸凹不平，摸上去糙糙的，实在是影响美观，有人不禁感叹：“爸妈干吗把这个遗传给我啊！”

我们所说的“鸡皮肤”医学上又称为“毛周角化”，主要是毛囊口周围过厚的角质堵塞，形成一粒粒的小突起，而且颗粒周围还有红斑，看上去很不美观。这种“鸡皮肤”确实是可遗传的，是染色体显性遗传，也有少数与维生素 A 缺乏、代谢障碍等有关。

毛囊角质层堵塞毛孔，皮肤长出鸡皮疙瘩

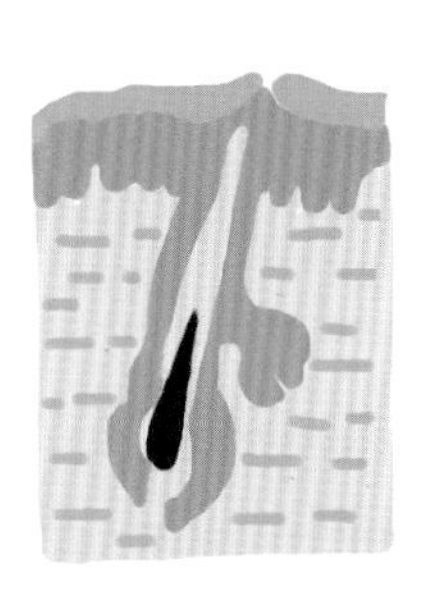

2

毛发无法长出毛孔，弯曲盘绕在毛孔口

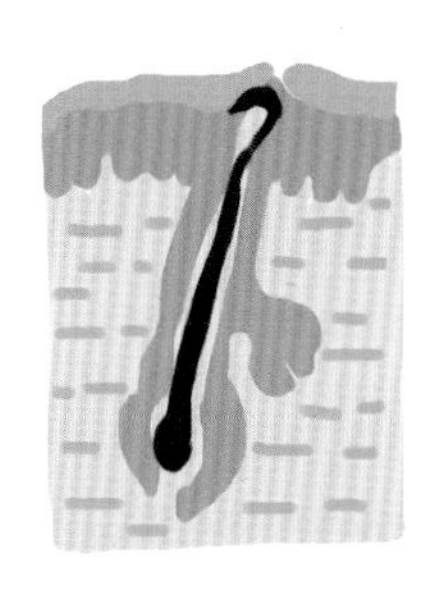

果酸可改善毛囊口角质的堆积，使毛发恢复正常

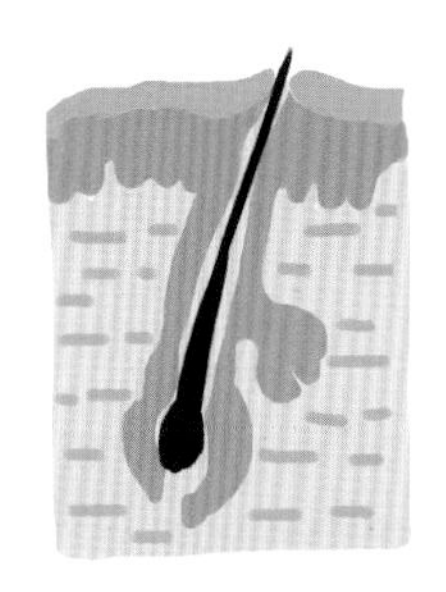

这种皮肤病无法根治，挺让人绝望的，但一般 30 岁以后，症状逐渐缓解。我们在治疗上主要是改善外观，一般正规医疗机

构都会采用“刷酸”来治疗毛周角化。它可以去除过度角化的角质层，还可以改善毛孔粗大、干燥、粗糙等问题，使我们的肤质得到综合改善。

针对这些症状一般选择刷高浓度的酸，比如：芯丝翠35%~70%的甘醇酸。身体其他部位与面部相比，更能耐受，所以治疗一定要由专业医师来操作哦，这样才可以达到事半功倍的效果。

刷酸的同时要配合每天使用含有果酸的护体乳并长期坚持，才能维持得来不易的临床疗效。

12. 刷酸可以消除白头、黑头，让毛孔变小吗？

黑头、白头又称“黑头粉刺”“白头粉刺”，是痤疮的常见表现，它们一般都伴随着毛孔粗大。很多爱美者会因为草莓鼻而烦恼，手又闲不住了，越挤毛孔越大，没过多久，黑头又冒出来了，貌似比之前还大……。如何既让它们消失，又缩小毛孔呢？我们首先要搞清楚它们是怎么形成的。

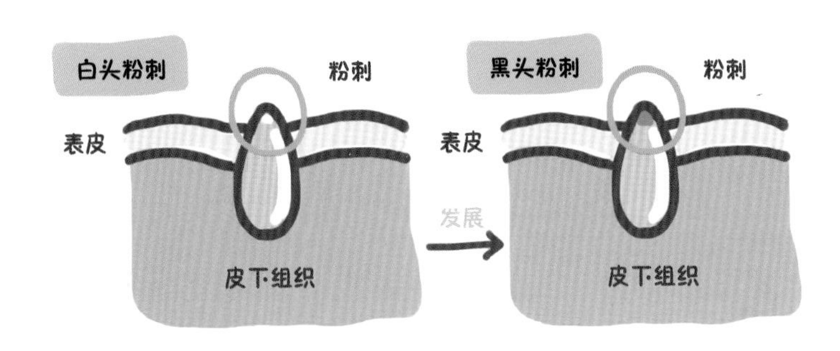

（1）白头粉刺：皮脂过度分泌，毛囊角化不全，皮脂卡在毛孔里，白头粉刺就形成了。

（2）黑头粉刺：时间久了，白头粉刺的皮脂被空气氧化后变黑，就形成了黑头粉刺。

（3）毛孔粗大：毛孔内油脂多了，毛孔就被撑大了，另外人为地挤压黑头，也使毛孔进一步增大。因为把黑头挤出来，还会很快再长出黑头来，反复挤压，皮肤受损，毛孔持久变大，积攒的黑头更大，就更想挤黑头，周而复始，进入恶性循环！

所以罪魁祸首还是皮脂腺分泌旺盛和毛囊周围的角化过度。而果酸和水杨酸可以通过抑制皮脂腺分泌和加速角质细胞的更替，从而抑制黑头和白头的形成，黑头、白头没有了，不需要用手挤压，毛孔自然也缩小、紧致了。

13. 我买的护肤产品中含有的“酸”成分与医疗机构中用的“酸”一样吗?

“很多护肤品，尤其是标明有控油、抗痘功效的护肤品里都含有“酸”的成分，我为什么还要去医疗机构刷酸呀？”

首先我们要知道，“酸”有不同的浓度，而不同的浓度又有不同的作用：

（1）低浓度果酸（浓度小于 20% 的果酸）：能减低表皮角质细胞间的凝结力，去除角质，改善粗糙、暗沉，调理肤质。

（2）中浓度果酸（浓度 20% ~35% 的果酸）：可以穿透皮肤屏障至基底层，部分可以进入真皮层。对治疗痤疮、淡斑、皱纹有效，刷这种浓度的果酸需要由有经验的医生操作。

（3）高浓度果酸（浓度大于 35% 的果酸）：具有相当强的渗透力，可以将老化角质一次性剥除，加速达到祛斑、抗皱的效果。但是刷高浓度的酸一定要由专业医生操作，这样安全性和效果才有保障。

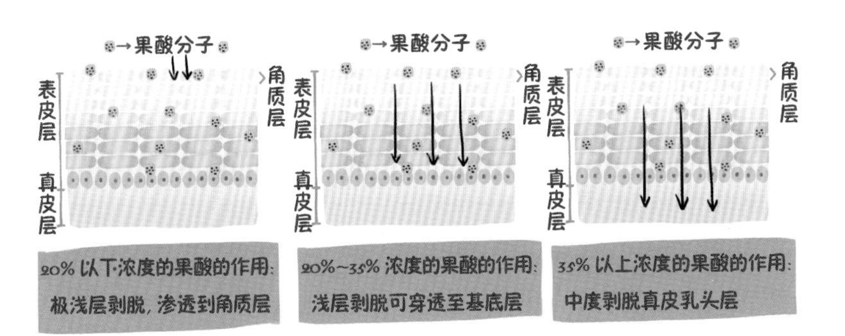

为了保证安全性，护肤品中添加的果酸浓度是有限制的，一般只能添加低浓度的果酸。中国 CFDA 建议护肤品中添加的果酸浓度不能高于 6%，水杨酸浓度不能高于 2%，所以这些护肤品只能起到保湿、促进皮肤新陈代谢的作用，可以作为日常护理使用；要想更有针对性地去除痤疮、消褪色斑、嫩肤、祛痘，还是需要到医疗机构刷高浓度酸的。

目前市面上已通过中国妆字号产品审批的果酸类护肤品中也有果酸浓度 8% ~10% 的，如芯丝翠的倍舒润肤乳、油性肌肤调理液。添加不同浓度果酸的护肤品，日常针对的改善问题也有不同，最好使用前咨询一下医生。

14. 我可以买果酸，自己在家里刷吗？

“网上买果酸，自学刷酸流程，我也可以操作，省钱，方便！”

于是，很多人跃跃欲试！结果有些人侥幸刷酸成功，有些则出现皮肤敏感、红肿、色素沉着甚至灼伤等状况，不但没有效果，反而把自己的脸给毁了。

刷酸没有那么简单，不是你想刷就能刷的。

首先，要由专业皮肤科医生面诊，当下你适不适合刷酸、哪种酸更有针对性、浓度是多少、需要刷多久等问题，都要由专业医生去判断。有些很敏感的肌肤是不适合刷酸的。其次，刷酸过程中要保护好眼睛、鼻周、口角等敏感部位，先从哪个部位开始刷都是有顺序的，刷酸的整个过程中要密切观察皮肤的变化，有没有出现红斑、白霜等相应的皮肤反应，什么时候需要中和、结束治疗，都要有一定的治疗经验，要避免刷酸无效或者刷酸过度引起的一些不适等。

有人认为，可以买了果酸后在家里稀释一下刷，或者买很弱的酸来刷；对此，建议不要轻易尝试，另外浓度很小的酸也达不到我们想要的效果。

15. 我在吃异维 A 酸，可以刷酸吗？

相信长期跟痘痘作战的小伙伴们都对异维 A 酸（最常用的叫“泰尔丝”）不陌生，有些人亲切地叫它“泰哥”，它是治疗中重度痤疮的一剂猛药。它可以通过以下机制治疗痤疮：

- 显著抑制皮脂腺分泌，皮肤很油腻者小剂量服用的话，也可以达到很好的效果。
- 调节毛囊口的角化过度。
- 改善毛囊的厌氧环境并减少痤疮丙酸杆菌的繁殖。
- 抗感染和预防瘢痕形成。

但异维 A 酸也因为它的一些副作用而让人望而却步：听起来

最可怕的就是“致畸”作用，患者治疗前 1 个月、治疗期间及治疗后 6 个月必须严格避孕；而最常见的副作用是皮肤黏膜干燥，很多人服用这个药物后出现口干、嘴巴脱皮，甚至身体其他部位也出现干燥、脱屑的现象，有时我们也通过这个反应判断药物有没有起效；此外，还有肝损伤、影响青少年长个子等副作用，毕竟“是药三分毒”。

异维 A 酸具有角质剥脱作用，使用后会使皮肤出现干燥、脱屑的反应，如果同时再加上使用角质剥脱剂——酸，那我们的皮肤很难耐受；所以一般在果酸治疗前，医生都会询问服药史，并告知你换肤前后都应该避免使用异维 A 酸类口服药物或外用药物。一般在应用异维 A 酸的时候是绝对不能进行深度化学剥脱的，对于我们经常使用的浅层化学剥脱也要慎重。

目前有部分公立医院的医生会建议，在口服异维 A 酸的同时予以外用水杨酸治疗，治疗期间应加强补水、保湿，可预防皮肤干燥、脱屑的加重。建议私立医院的医生不要联合应用异维 A 酸和换肤剂。

16. 刷酸后皮肤会脱皮结痂吗?

刷了酸会不会烂脸？这是很多求美者在刷酸前经常提出的问题。大家所说的“烂脸”就是有些人刷酸后出现的皮肤结痂、脱皮。

“刷酸”又称化学换肤术，听名字，貌似要脱一层皮再换一层皮。“刷酸”本质上也是一种化学剥脱术，即通过化学剥脱的方式祛除皮肤表层，从而改善皮肤外观和提升皮肤质量。其作用原理是利用了人体创伤后的修复机制，“先破后立”，重新生成健康的表皮和真皮。

根据换肤药物在皮肤渗透的深度不同，化学换肤术可以分为以下几类：

- 极浅表换肤：酸穿透表皮角质层，进入表皮棘层浅层部分。

- 浅表换肤：酸穿透表皮全层，进入真皮乳头层。
- 中度换肤：酸穿透表皮全层，进入真皮网状层的浅层部分。
- 深层换肤：酸穿透真皮网状层的中层部分。

20%～35% 浓度的果酸和 20%～30% 浓度的水杨酸都同属于极浅表换肤的换肤剂。规范使用（按规范的浓度、区域、频次等使用）外用果酸制剂不会损伤皮肤，只是将角质形成细胞间的粘连性减弱，使堆积在皮肤上的废旧角质层脱落，皮肤变光亮、润泽，改善清除堵塞，改善粉刺、黑头等问题。

由于果酸和水杨酸都有抑制皮脂腺分泌的作用，刷这两种酸后会使皮肤出现一定的干燥；配合使用具有医学护肤概念的保湿剂，能够缓解干燥现象。

另外，果酸、超分子水杨酸通过改善角化过度，可去除老废

角质，故而部分患者会出现轻微的脱屑。所以刷酸后会有脱皮的现象出现，一般在刷酸后 2~3 天内开始，1 周后好转。局部有丘疹、脓包的地方可能会出现爆痘，都属于正常现象；这时候做好保湿，等待痂皮自然脱落就可以了。

另外，刷酸切记要在正规机构由专业医生操作，因为不规范的操作可能会导致皮肤灼伤引起真正的“烂脸”。

17. 刷酸后皮肤有刺痒、发红、发热的感觉，正常吗？

由于各种酸的 pH 较低，在刷酸治疗的过程中，会有轻微刺痛、痒、发热的现象，都是正常的。当酸被清除后，适当做下冷敷，一般这种不适感就会即刻消失。

由于刷酸治疗会把皮肤表面的废旧角质层去除，短时期内皮肤在未完全修复的情况下，容易受到外界刺激而发红、刺痛，这也是正在发挥治疗作用的表现，这时候只要使用一些修复、保湿的产品，并做好防晒，保护短期内敏感脆弱的皮肤，几天后皮肤就会形成新的角质屏障，达到换肤目的。

另外换肤治疗的部分人还会出现轻微水肿、浅表结痂和脱屑等情况，这都是正常反应，只需按照医嘱进行冷敷舒缓，配合使

用恰当的保湿护肤品，症状很快会缓解。

由于果酸取自不同的水果，极少数人也可能对果酸过敏，或者求美者本身当时的皮肤就处于敏感状态，耐受不了果酸的剥脱过程，出现明显的肿胀、大面积红斑不退、瘙痒明显以及密集的丘疹等反应，这种情况下要立即中止治疗，及时冷敷，并进行抗过敏治疗。

18. 为什么有些人刷酸后，脸上痘痘反而增多了？

部分痘痘肌肤者刷酸后，短期内脸上痘痘反而增多了。要了解其中的原因，首先我们要先了解一下痘痘的发病因素：皮脂分泌增多、毛囊导管角化过度、痤疮丙酸杆菌感染。而果酸和水杨酸能疏通毛孔，去除废旧的角质细胞，帮助毛孔里的油脂进行正常的疏通和代谢。

部分痘痘肌肤者在最初 1~2 次刷酸治疗后会有症状加重的情况，这是因为刷酸治疗将表面过度堆积的角质去除了，减少了毛囊口的阻塞，使原先潜伏在皮肤深层的病灶提前释放出来了。请继续耐心接受治疗，1 个疗程后，痘痘肌肤会有明显改善。

刷酸换肤治疗后，适当冒痘是正常现象，刷酸的目的就是要让埋藏较深的粉刺和微粉刺逐步排出来，但当爆痘很严重的时候，需在专科医生的帮助下渡过难关。

那么什么情况下比较容易在刷酸后爆痘呢？

闭合痘痘多、炎症性红色痘痘为主和脓头较多的求美者刷酸后很容易出现爆痘的现象。因为埋藏在皮肤里面的粉刺可能本身就已经有发炎的趋势，刷酸只是加速了这个过程。此外，刷酸操作时的浓度、时间、操作手法也至关重要，操作不当都会引起相反的作用，所以一定要选择正规医疗机构和专业的医生去治疗。除了以上因素以外，还要自我检讨下，最近是不是有熬夜、重口味饮食等使痘痘加重的诱发因素，不要因为刷酸了，就“放飞自我”哦。

19. 刷酸后多久痘痘开始改善？

刷酸后每个人的反应不同：有些人 2 天就会感觉皮肤好转，如红色丘疹瘪了、闭口平滑了、毛孔清爽了；但有些人，可能要刷 2~3 次酸后才能感觉到明显的皮肤变化；甚至有些人治疗初期还要经历 1~2 次"爆痘期"，这种情况多见于皮肤比较油腻、有炎性丘疹、脓头较多的人，这是因为刷酸将覆盖在表面的老化角质软化脱落后，皮肤深层的病灶被提前释放出来，出现了所谓的痘痘爆发。

另外，刷酸后的护理也很重要，这直接决定了刷酸的效果。因为刷酸后皮脂腺分泌的油脂减少，加上刷酸的剥脱作用，可能会出现脱屑现象，刚做完刷酸的几天我们要给皮肤做好保湿，可以使用医用面膜，注意保湿防晒。你的作息和生活习惯也很重要，应不熬夜，忌辛辣、油腻和甜食，要知道，自律才会让你更美、更健康哦！

20. 用果酸、超分子水杨酸换肤后需要防晒吗?

紫外线是女人皮肤的天敌（当然它也有诸多的好处）。对于天生爱美的女人来说，紫外线让我们的皮肤变黑，还有紫外线会引起光老化损伤……变黑！变老！这对爱美的人来说简直是毁灭性的。所以不管刷不刷酸，我们出门都需要防晒。

我们刷的酸分为果酸和水杨酸。刷完果酸、水杨酸后，会促进角质层脱落，皮肤短期内是比较脆弱的，更容易受到紫外线的伤害，所以防晒必不可缺。

虽说，超分子水杨酸本身具有广谱的防晒作用（水杨酸的化学结构含芳香苯环），它自身有“光保护作用”，但是还是建议大家刷完水杨酸后要注意防晒，毕竟果酸、水杨酸均有促进角质层脱落的作用，而重建细胞更新需要时间，故刷酸后防晒和保湿必不可少。

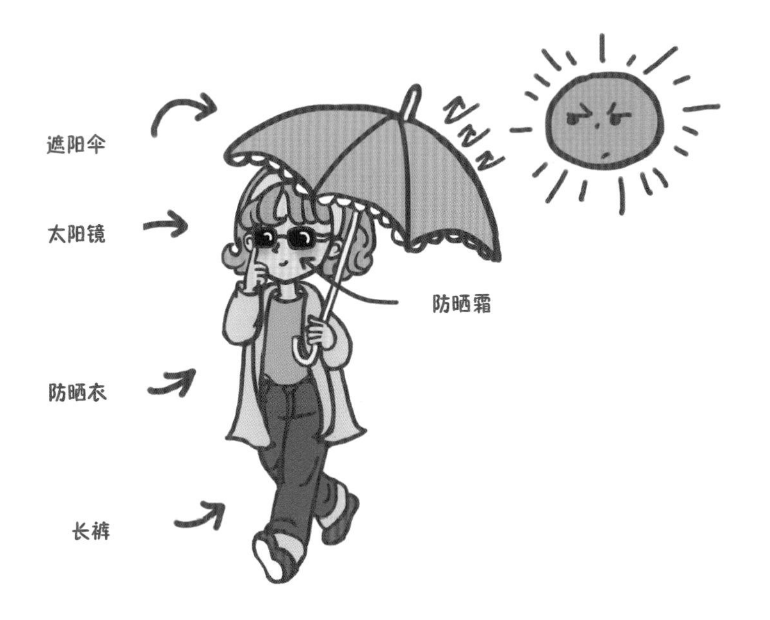

刷酸后如何防晒呢？可以使用遮阳伞、遮阳帽，但防晒霜也是必不可少的。对于比较油性的皮肤，可以选用清爽的化学防晒霜；而对于比较敏感的皮肤类型，则要选择温和的物理防晒霜。

21. 刷完酸多久可以化彩妆？

刷酸被称为“午餐美容”，顾名思义就是在吃个午饭的时间内就可以搞定，不影响后续的工作或学习。现在生活节奏快了，有“误工期”的话，大家可耽误不起，那做过换肤，就能美美地化个妆去上班吗？

确实，刷酸一般是没有创面的，也不会因为化妆出现感染等不良反应，但做完换肤后的皮肤短期内是很脆弱的，一些变化发生在我们看不到的细胞层面上，所以皮肤需要一些时间进行恢复。如果这时化妆，化妆品和卸妆产品中可能会有刺激成分，会伤害到面部皮肤，让刷酸之后的红肿加重，并影响换肤的效果。因此刷酸治疗后，我们应尽量给皮肤做“减法”，减轻皮肤的负担。建议：果酸治疗后 1 周内不宜化浓妆，尽量用清水洗脸；不使用磨砂型洗面奶等，术后可连续使用医用修复面膜 3 天，可促进皮肤的修复并补充水分。

22. 多久刷一次酸效果最好呢？

因为刷水杨酸或果酸都可以去除过度角质化的角质层，帮助修复受损的外层皮肤，刺激皮肤细胞生长，起到改善痤疮、浅表皱纹、提亮肤色等效果，所以刷酸是一项广受欢迎的美容项目。但刷酸治疗不是一次就可以的，进行多次、浓度递增的治疗，才能达到较好的效果。不同肌肤状态下刷酸的治疗会有相应差异，所以刷酸也是一个个性化的治疗项目。

我们的皮肤有自我更新的能力，新生的角质形成细胞由表皮基底层自下向上移行到颗粒层、角质层，然后脱落，所以一般认为正常表皮细胞的更换时间约为28天，也就是28天我们的表皮更新换代一次。

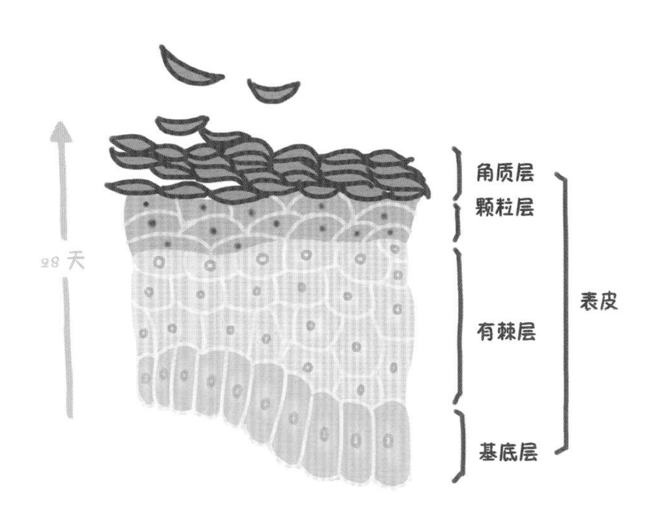

所以对于很多皮肤治疗方法，我们一般建议4周进行1次；刷酸治疗也不例外，一般间隔3～4周，定期地进行维养。对于痤疮比较严重且皮肤屏障比较健康者，也可以2周做1次治疗；对于皮肤比较敏感者，还是建议延长治疗间歇吧。因此，多久刷一次酸其实还是根据求美者皮肤的情况而定，不是完全固定的，要具体情况具体分析。

23. “酸”这种换肤剂可以长期使用吗？

对于刷酸，很多小伙伴有疑问：

听说如果长期刷酸，以后皮肤会提早老化！

还听说，如果长期接受刷酸换肤，当停止换肤时，皮肤会变得比未治疗前更糟！

还有人说，刷酸会让皮肤越做越薄，不能总做的！

以上这些观点对不对呢？刷酸到底能不能长期使用呢？

治疗性的酸包括高浓度的果酸和水杨酸，效果明显，侧重于治疗，一般是 2～4 周治疗 1 次，连续 6～8 次治疗后，等皮肤状况明显改善后，可以延长治疗间歇，或根据皮肤状况再决定后续

的治疗间隔。在经过一个阶段高浓度酸的治疗后，问题症状会得到明显改善，你就可以选择低浓度家居护理型果酸产品做疗效的巩固与维持。如对于临床上常见的毛周角化症，在医院疗程结束后就可以在家配合使用芯丝翠倍舒润肤乳；这样，即保证了治疗效果，又不会使治疗过于频繁而影响到我们皮肤的屏障功能。

另外，有些人觉得刷酸对皮肤的角质剥脱作用会让皮肤越来越薄。对此，美国有一项临床研究证明，长期观察下来，规范的刷酸不仅不会使角质层变薄，反而会增厚，可见规范很重要！

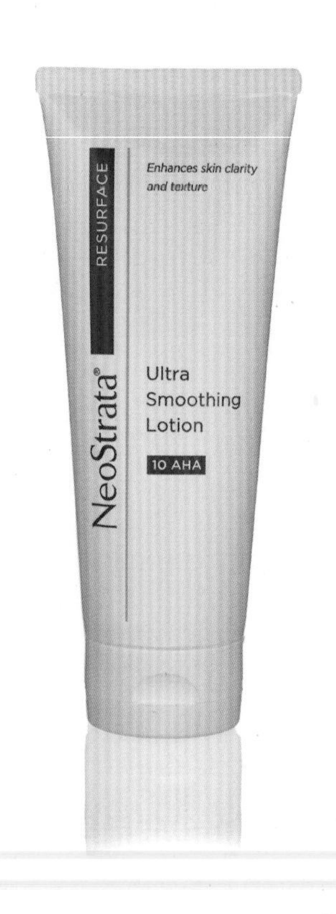

24. 关于“头皮护理”你不可不知的那些事

现在越来越多的爱美人士，不仅关注皮肤护理，对于头发的健康也越来越重视。有一头乌黑、亮丽、顺滑的秀发是一件多么令人心动向往的事啊。要想秀发亮丽，头皮的健康尤为重要啦！因为头皮也是皮肤的一种，其结构的组成也包含表皮层、真皮层、皮下组织。

头皮解剖示意图

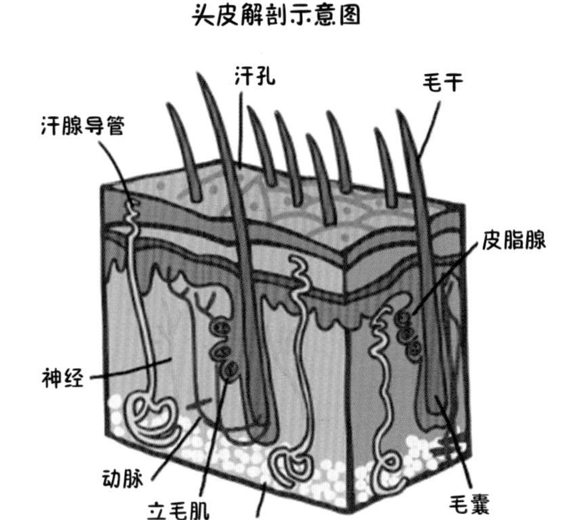

头皮结构好像和我们常见的面部皮肤结构没什么区别啊？但爱学习的你肯定会知道头皮和面部皮肤是有差别的：

一、头皮和脸皮哪个更厚？

头皮的厚度大约是1.476mm，脸颊上皮肤的厚度大约是

1.533mm，鼻子上皮肤的厚度大约是 2.040mm。这也就是说，头皮比面部大部分位置的皮肤都要薄。原来真的是“脸皮厚”啊！

二、头皮和脸皮哪个衰老得更快?

头皮是人体第 2 薄的皮肤，其衰老速度比面部皮肤快 6 倍，比身体皮肤快 12 倍。原来头皮老得更快，只是我们看不到而已。

三、头皮和脸皮哪个更油腻?

头皮上的皮脂腺密度是 144 ~ 192 个 /cm²，额头上的是 52 ~ 79 个 /cm²，脸颊上的是 42 ~ 78 个 /cm²。12 小时内，头皮表面分泌的皮脂量可达到 288 μg/cm²，而额头分泌的皮脂量只有 144 μg/cm²。“油腻大叔”中的“油腻”原来是指头皮啊！

可怜的头皮又薄又油，还老得快！我们也不可能像养护面部一样每天洗 2 次，每天用精华、保湿、防晒霜甚至面膜伺候着。

相信爱美人士都恨不得天天洗头，否则就会感到油腻、瘙痒、有头皮屑。

我们先来聊一聊影响头皮生态环境的三大因素：油脂分泌、菌群环境、代谢速度。

（1）当头皮油脂分泌失衡时，头皮就会出油变得油腻。

（2）当头皮菌群环境失衡时，有害菌大量滋生，就会出现头痒的现象。

（3）当头皮角质层代谢过快时，就会脱落形成头屑。

头油、头痒、头屑多、头发干、脱发等都是头皮生态环境失衡导致的头皮问题。我们需要养成良好的卫生习惯，适度清洗。不要过度染发、烫发，不要抓挠头皮。如果有头皮炎症问题，可以求助专业皮肤科医生，看看是否由一些皮肤疾患导致。如若没有患头皮皮肤病，可以使用针对炎症的护发用品，比如博乐达的去屑护发露。

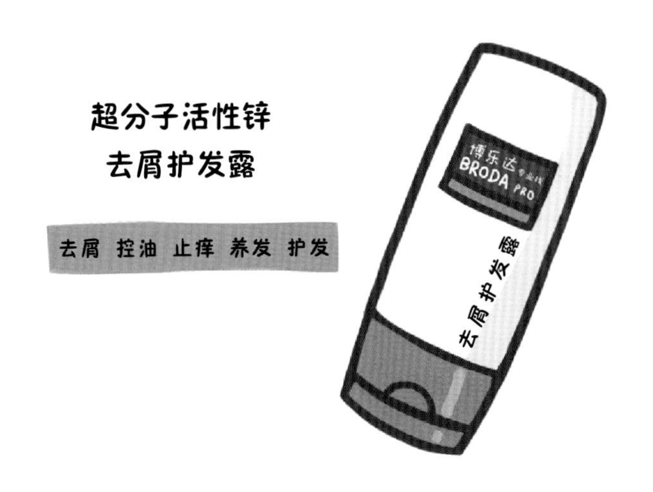

笔者是一个喜欢早晨洗头的医生，原因你们很容易就能猜到。后来用了博乐达的去屑护发露后，两天洗一次头头皮也不油腻了。只是要注意，要把博乐达的去屑护发露用在发根，平时用其他品牌的护发素再涂到发干和发尾。这样做，一可以节省“博乐达”的用量，二可以有效护理发梢，头发不至于太毛。这样洗护后的头发可以保证2~3天头皮不油腻，发质干爽顺滑、不毛糙。

你 可 能 对

微针的力量

一 无 所 知

1. 微针是什么？有什么作用？

微针，通俗来讲就是利用微针滚轮上许多微小的针头，刺激皮肤，在很短时间内微针可以做出超过 20 万个微细管道，通过刺激胶原蛋白的再生，达到美容的目的。

现在刺激胶原蛋白增生的办法那么多，为什么要全脸扎出 20 万个针眼？太可怕了！

其实微针滚轮上的针非常细，在皮肤上只留下非常小的针眼，有些肉眼都看不出来，而且很快就闭合了，所以你根本不用担心会留下满脸的针孔。

微针刺入不仅仅是直接刺激胶原原白的增生，同时还在我们的皮肤上瞬间开辟了很多的通道。大家都知道，我们皮肤的细胞和细胞间的营养支持结构构成皮肤的“城墙”，可以阻止外来物质的侵入。一般营养成分很难渗透皮肤，所以护肤品公司多将产品渗透方面作为研究重点。而微针使用后会在皮肤上迅速形成通道，有效提升养分的渗透能力，这时候涂抹上一些有效成分，这些成分就会穿过皮肤表皮层进入真皮层。

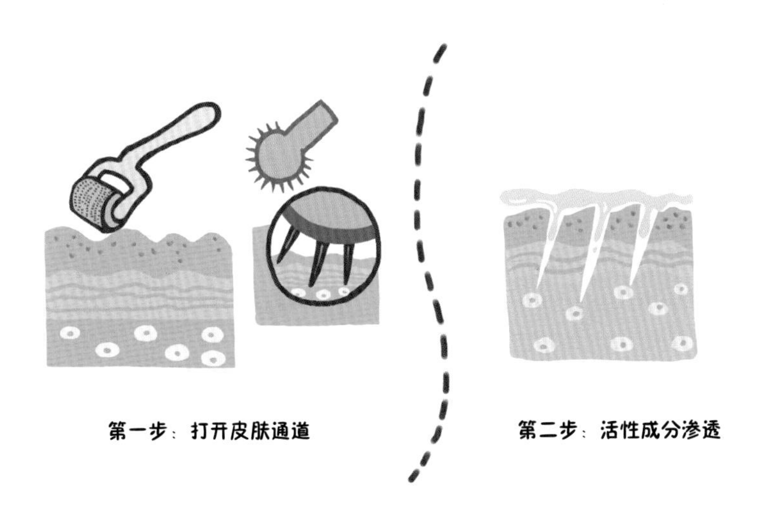

根据导入的有效成分的不同，微针就有了诸多功效：改善肤色暗沉、毛孔粗大、痘坑、细纹、脱发等皮肤问题。近来还有学者用微针导入表面麻醉药物观察镇痛效果，不得不说，微针的作用真的是非常广泛。

2. 微针治疗和水光针治疗一样吗？主要适应证是什么？

两种治疗都是把有效物质导入中胚层（也就是真皮层），但由于作用方法和导入的有效成分不同，两者还是有很大区别的。

一、方法不同

水光针治疗：水光针治疗主要通过负压吸引微滴直接注射营养成分入真皮组织，水光针头有 5 针头、9 针头等。

微针治疗：使用滚轮在皮肤上形成通道，相对水光针治疗来说，扎的“针眼”更密集，可以通过这些通道导入皮肤营养剂。

二、功效不同

水光针治疗：水光针中使用的是小分子玻尿酸和一些有功效性的成分，起到补水、收缩毛孔中淡斑、提亮肤色、改善面部细纹的效果。

微针治疗：在微针针头刺入皮肤的过程中，皮肤会产生大量的生长因子，促进表皮再生重组，加快皮肤新陈代谢，恢复后皮肤会更有光泽。微针导入的药物效果比较宽泛：美白、祛痘、抗感染、促进痘坑修复、修复敏感肌肤等。

三、术后反应不同

水光针治疗：损伤较小，治疗时可产生500~1000个针孔，能肉眼看到的有10~100个，术后几乎没有潮红，然而近距离细看会看到针眼，不过一般1~2天就会消退，个别情况下会有小淤青出现。

微针治疗：一般说来，全面部会有约20万个针孔，治疗后一般面部潮红要持续1~3天，不会看到明显的针眼和淤青，但需要更好地做好修复。

四、以产品为例说明

(1) 菲洛嘉（NCTF）：以补水、补营养功效为主，推荐用于水光针治疗方式。

(2) 英诺小棕瓶：以淡斑、褪黄功效为主，可以用于水光针治疗方式中，也可以用于微针治疗方式中，还可以用于水光针与微针结合治疗中。

(3) 三文鱼普丽兰：主要功效为修复、补营养、缩小毛孔，用于水光针治疗方式中更好，也可以用于微针治疗方式中。

(4) 安多可：可修复敏感肌肤、缩小毛孔，推荐用于微针治疗方式中。

3. 微针治疗的深度是越深越好吗？恢复期怎么样？

No，No，No，我们所选微针的长短（决定微针治疗的深度）一定要结合皮肤情况来定。

痘印、色斑：对于痘印、色斑等肤色问题，需要选择短一些的微针，0.5～1.0mm 长的就可以，如选用英诺祛黑小棕瓶导入，因为它的渗透性非常好，只需要浅浅几遍微针就可以，面膜湿敷后几乎看不出痕迹，导入药物的同时不激惹黑素细胞，恢复也较快。

痘坑、毛孔粗大：需要改善痘坑、毛孔粗大等肤质问题，就要选择 1.0～2.0mm 长的微针，因为要解决这些问题，一定要导入药物到真皮层才能有效刺激胶原蛋白的新生，达到相应的治疗效果。

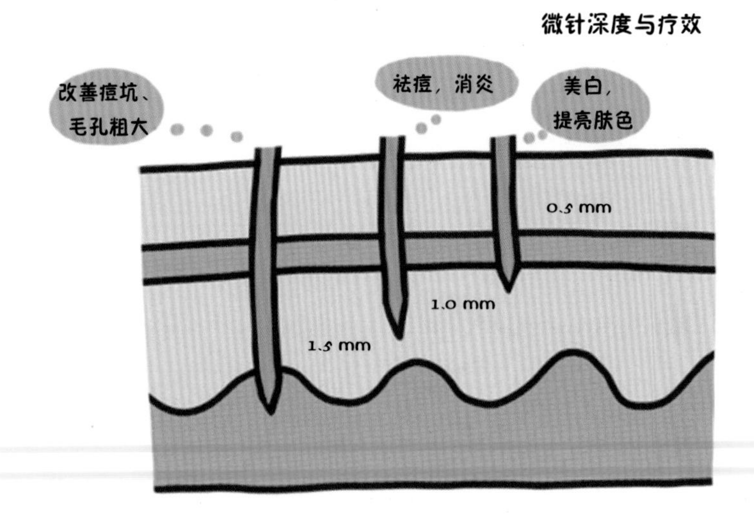

关于恢复期，微针治疗后一般会出现潮红，持续时间 1~3 天，这时候做好修复工作，注意防晒，适当保湿即可。

4. 我面部肌肤敏感好多年了，安多可微针还可以治疗肌肤敏感吗？

安多可是什么？

首先它是一款安瓿（Ampoule），安瓿的英文原意为浓缩精华，是一种全密封的小容量玻璃瓶包装的产品。记得我第一次接触安瓿是拍婚纱照的时候，化妆师告诉我，为了使皮肤状态更好，妆容更服帖，可以使用安瓿。后来我才知道，它就是一款浓缩精华呀！

而安多可（Endocare）是产自西班牙的一款安瓿，源自蜗牛分泌物。

1950 年，西班牙教授阿瓦德·伊格莱西亚斯在研究放射所致染色体畸变时发现：当暴露于放射性环境中，地中海蜗牛会分泌一种强效保护性物质，使得损伤可以在 48 小时内修复。

经过 15 年的努力，1965 年，拉斐尔教授从黏液中成功提取 SCA 活性细胞修复因子（以下简称“SCA”）。SCA 取自地中海地区的蜗牛，蜗牛在离心力下由 3 种不同腺体产生黏液，通过 GMP 生产线，从中提取出富含多种蛋白质（酶）、多糖、矿物质等的混合成分。随后，SCA 开始被用于放射性皮炎的治疗，并获得了惊人的疗效。

1986 年，WHO 联合拉斐尔教授，将 SCA 药物提供给切尔诺贝利核泄漏放射性皮炎患者使用，87.87% 的患者得到了明显的改善。

安多可中的 SCA 还具有提高成纤维细胞生长因子的含量、让胶原纤维排序更加紧致的效果，可促进胶原组织的形成。除了

SCA，安多可中还添加了锁水和抗氧化的成分，因而具有很好的抗老化和修复能力。

基于以上的理论基础，皮肤科医生常常使用安多可治疗敏感肌肤，或者缓解皮肤在激光治疗、果酸治疗、射频治疗、水光针治疗等操作之后的不适，缩短恢复期。

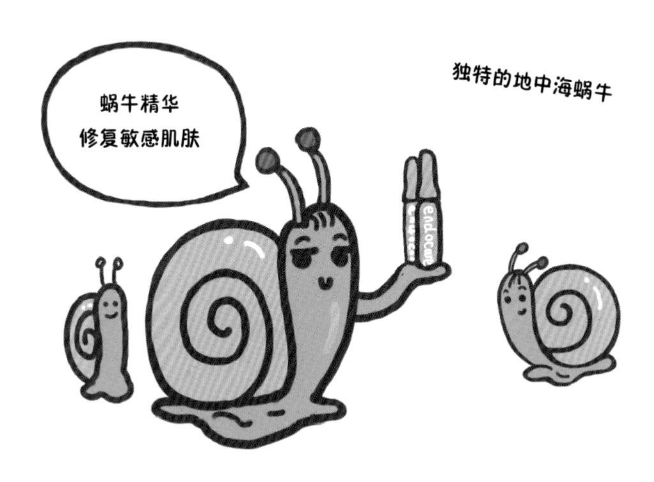

安多可搭配不同长度的微针，不仅可以有效改善敏感肌肤，还可以改善皮肤暗沉、痤疮后凹陷性瘢痕、毛孔粗大以及皮肤细纹等问题。

5. 微针和点阵激光治疗痘坑哪个效果好？

只留青春不留痘，痘是没留下，留了满脸的坑！

坑坑洼洼的脸像月球表面，素颜不能看，上妆又卡粉……。

医生推荐的疗法很多：果酸、微针、点阵激光……。果酸暂且不说了，果酸对痘坑改善太有限。微针和点阵激光有什么区别？哪个效果更好呢？

一、原理不同

（1）微针：是通过微针滚轮上许多微小的针头刺激皮肤，在很短的时间内可以制造无数细小的通道，通过这些通道导入有效成分，治疗痘坑一般是导入修复、促进胶原蛋白增生的成分，以促进胶原蛋白的生长、重排，把我们的痘坑逐渐变浅、长平。而微针滚动的本身也是刺激胶原生长的过程，效果叠加，治疗痘坑的效果还是不错的。

（2）点阵激光：作为治疗痘坑的一线疗法，点阵激光多年来治疗痘坑的地位不容撼动。点阵激光的治疗原理是用激光穿透至真皮层，激光能量转化为热能，热能刺激真皮胶原变性，并刺激新胶原蛋白的合成，最终产生新的皮肤组织代替有痘坑的皮肤。

二、治疗效果不同

（1）微针：微针可以用来治疗痘坑不假，但只限于相对较浅的痘坑；而对较深的厢车形和冰锥形痘坑，效果较差。

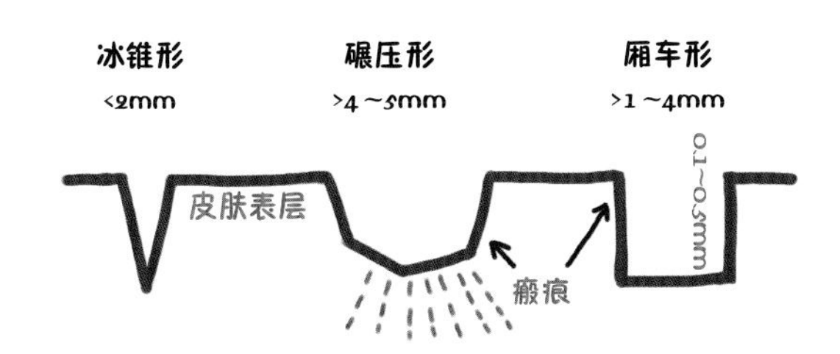

（2）点阵激光：对于中重度痘坑，需要应用穿透性比较强的激光，深层刺激胶原蛋白生成联合表层磨削，深浅综合作用，效果才会更好。

当然，对于痘坑比较严重的患者，笔者时常会在点阵激光治疗后使用微针导入治疗痘坑的修复药物，两者的联合治疗效果真的会翻倍。

三、恢复时间不同

（1）微针：恢复时间相对较短，大部分面部潮红也就存在2～3天。

（2）点阵激光：点阵激光恢复时间就长些，非剥脱点阵激光恢复期相对短些，但也要5天左右，面部会有结痂或微结痂，有些人还会出现短期内的色素沉着。

四、创伤不同

（1）微针：创伤较轻，薄皮肤与敏感肌肤可以选用。

（2）点阵激光：创伤较大，适用于角质较厚的皮肤。多次点阵激光后，皮肤可能会有敏感倾向，请注意延长修复调息的时间。

6. 英诺小棕瓶和激光治疗哪个美白效果更好，两者的效果有什么区别？

中国人自古以白为美：“肌肤冰雪莹，衣服云霞鲜”“密雪未知肤白，夜寒已觉清香”……。评价美女的标准首先就是“肤白”，其次才是“貌美”。相信大家都不爱和皮肤比自己白的闺蜜合影，因为，谁黑谁尴尬！

很多人把美白当成终身事业，据说某女明星一年敷 700 张面膜。某女明星为美白乱吃药，副作用巨大，她说自己凝血功能都受到影响！那么有没有安全又有效的美白方法呢？

其实方法还是很多的，目前医疗美容常用的美白方法是美白激光和美白水光。

- 美白激光：通过击碎色素并将其代谢出来以达到美白的效果。激光在美白的同时还可以起到收缩毛孔、淡化细纹等效果。除了提亮肤色外，一些色斑的治疗还是只能靠激光的，如雀斑、老年斑、太田痣、颧骨母斑等。

色斑

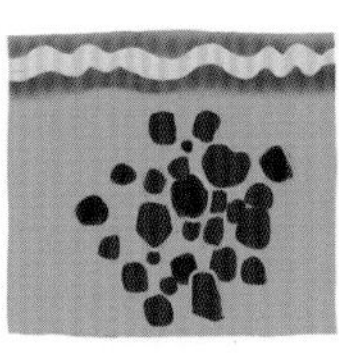

调 Q 激光

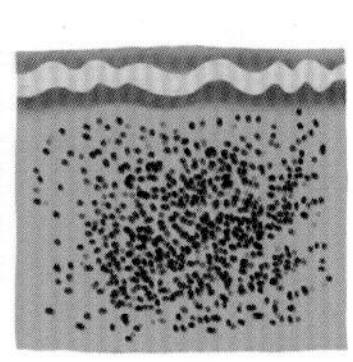

皮秒 / 超皮秒激光

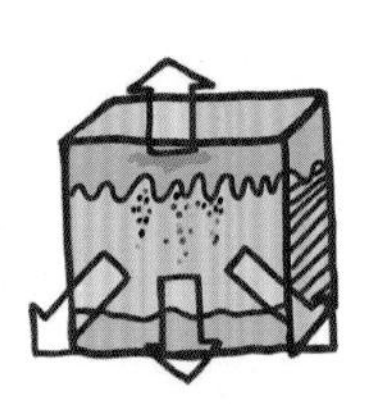

被击碎的色素逐渐被排出

- 美白水光：常用的美白款水光叫英诺小棕瓶，这是一款西班牙生产的美白美塑产品，可以加速色素代谢，抑制黑素细胞产生新的黑色素。在提亮肤色、治疗炎症后色素沉着、痘印、黄褐斑等方面效果比较好。还有临床试验表明，使用这款产品后可有效防止皮肤的晒黑（为外出度假前的优选），搭配激光一起治疗还可以有效预防和治疗激光术后的返黑。

因此，美白激光和美白水光，没有哪种美白效果更好的说法，针对不同的肌肤问题要选择不同的解决方法，当然，必要时两者联合应用的效果更好！

7. 英诺小棕瓶成分很简单，水光针里加维生素 C 是不是功效也一样？

英诺小棕瓶最近很火，看看成分也很简单：还原型谷胱甘肽、活性维生素 C……。水光针里加入这些成分的话，效果是不是一样？

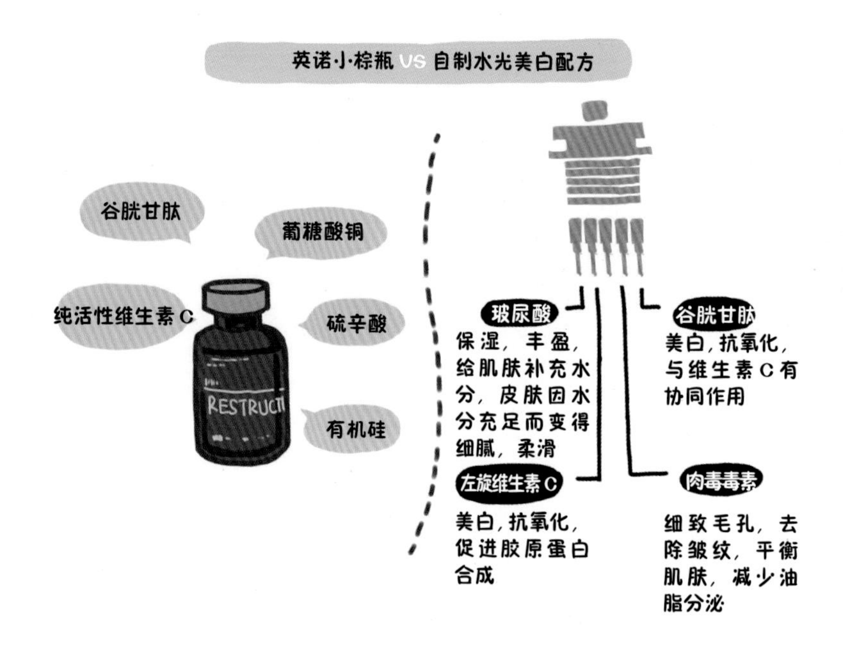

水光针里加维生素 C 后确实是有用的，但与英诺小棕瓶相比还是有明显区别的。一般我们在水光针里加的维生素 C 为静脉用维生素 C，而英诺小棕瓶产品是为皮肤美容而研发的，除了美白成分，英诺小棕瓶里还添加了葡糖酸铜、硫辛酸、有机硅等抗氧化、抗感染、促进皮肤再生的成分，各种有效成分的精准配比，

不仅能抑制黑色素的生成，同时还能营养皮肤，使黑色素快速代谢，所以才会有很好的祛黑效果。

总结：经过科学研发的英诺小棕瓶渗透性更强，作用环节更广泛，用于皮肤系统也更安全。

8. 英诺小棕瓶治疗后会和激光治疗后一样返黑吗？

临床中我们会看到激光祛黑治疗后有时候斑点或肤色比之前更黑了，英诺小棕瓶治疗后会不会也出现返黑情况？

英诺小棕瓶治疗后的返黑率非常低，但并不是没有。这种返黑的出现不是因为产品本身的问题，大多是由于操作产品时在黑素细胞活跃的部位（比如黄褐斑部位）过度的机械刺激，即微针滚得过重、针在一个部位的反复刺激等，引起的炎症后色素沉着所致。相比之下，激光治疗后的返黑率较高。因为激光作用于皮肤黑色素的同时也会产生大量热能，而黑素细胞出于对自我保护，会释放出大量黑色素，从而导致肤色比之前更黑。

英诺小棕瓶的作用机制与激光治疗等物理祛斑的手段不同。其含有的谷胱甘肽和活性维生素 C 的成分可以抑制黑素细胞的活

性，减低黑色素的合成；其含有的有机硅和硫辛酸可为皮肤提供必要的维生素，帮助皮肤快速恢复，不但不会对皮肤造成伤害，还会提升皮肤的免疫能力：所以英诺小棕瓶治疗后极少出现返黑的现象。很多皮肤科医生都喜欢在激光治疗前后 1~2 周使用英诺小棕瓶，这可以有效预防和治疗激光术后的返黑。

9. 英诺小棕瓶与其他美塑产品菲洛嘉（NCTF）、丝丽有什么不一样？

近年来随着美塑疗法的大热，各类产品层出不穷，它们有什么不同？

一、菲洛嘉（NCTF）

作为美塑疗法产品的鼻祖，菲洛嘉（NCTF）可谓热门产品中的热门！菲洛嘉（NCTF）产自法国，有135HA和135两种型号。目前国内使用的是135HA，它含有53+1种生物活性因子：氨基酸、辅酶、维生素、核酸、矿物质、抗氧化物质等。这些物质有美白、补水、修复作用，最重要的是可以刺激成纤维细胞、促进胶原蛋白再生，有改善细纹、收缩毛孔、紧致皮肤的功效，尤其对眼周细纹、黑眼圈效果明显。

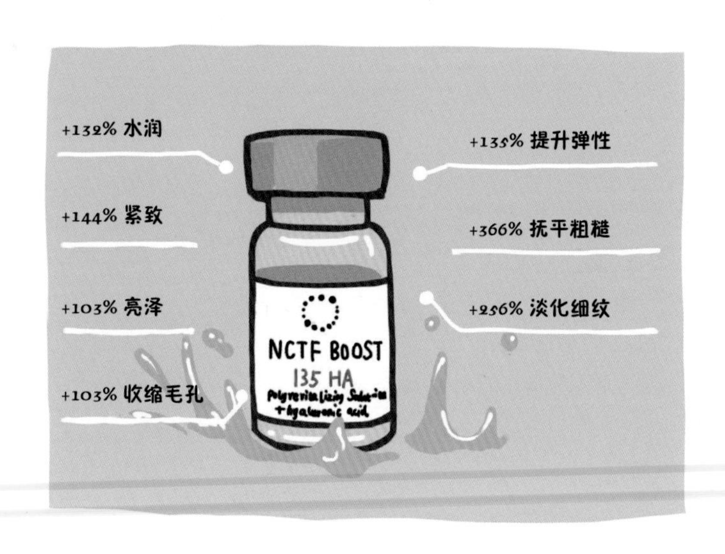

二、丝丽

丝丽动能素在成分上主要也是复方维生素、氨基酸、矿物质等，与菲洛嘉的差别不大，主要功效为：抗氧化，改善细纹、松弛、暗沉等。它有 3 个型号即 502、516、532，区别在于玻尿酸含量的不同。随着型号的增加，适宜人群的年龄也递增。由于型号上的分类更细，非常方便选择。

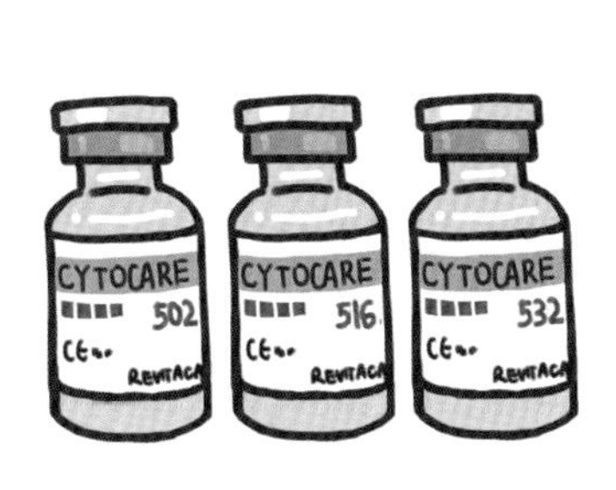

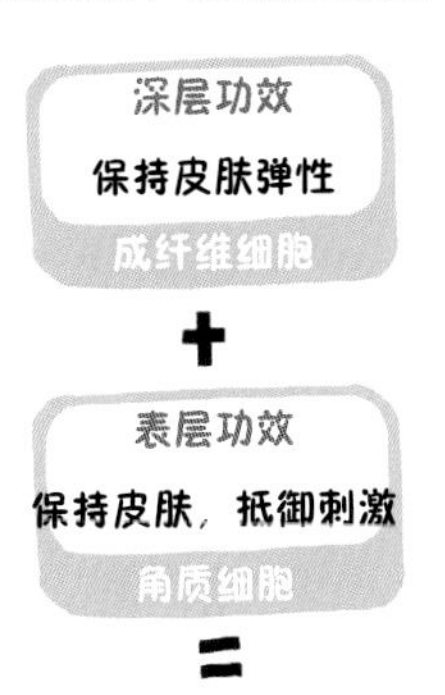

三、英诺小棕瓶

相对于以上两种皮肤维养型产品，英诺小棕瓶更具有功效性。它的主要成分是高活性维生素 C、谷胱甘肽，主要针对黑色素治疗，功效是使皮肤白皙透亮；虽然它也含有有机硅、葡糖酸铜等抗氧化、修复的成分，但它更专注于“祛黑”。

10. 英诺小棕瓶的效果会一劳永逸吗？停止使用后皮肤会不会变得比之前更差？

皮肤的保养是一个循序渐进的过程，从来不是一劳永逸的！

我们人体的黑色素是不断经由刺激产生的。黑色素可以抵御紫外线对皮肤的伤害，是皮肤的保护伞，因此在紫外线、皮肤炎症、不恰当护肤、熬夜、压力大、内分泌紊乱等内外因素的不断刺激下，黑色素也是不断产生的。想让祛黑美白效果更持久，要避免诱因，调整自己的生活状态，治疗上也需要按疗程规律性使用英诺小棕瓶。

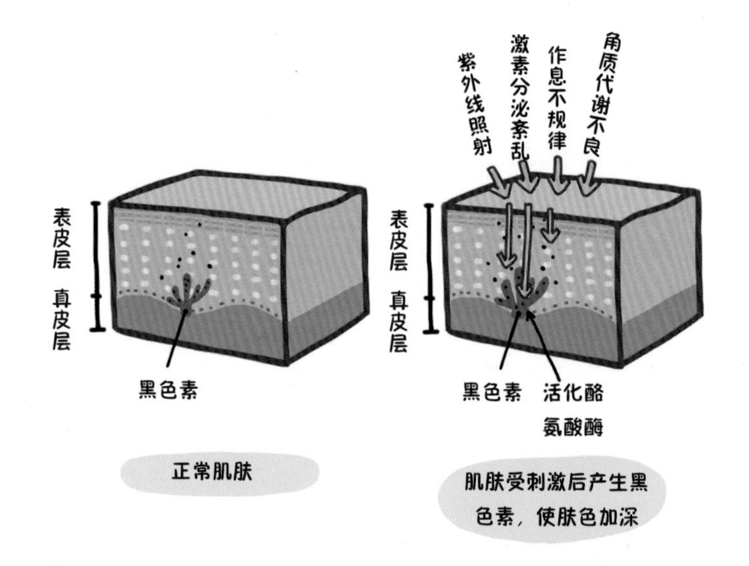

那停止使用后皮肤会不会变差呢？答案是不会！

英诺小棕瓶中的成分配比除了为了祛黑，还有一个重要功能，就是提升皮肤活力，加强新陈代谢能力，让黑色素快速代谢。使用英诺小棕瓶可以充分发挥祛黑素“固本”的优势，改善肤质，同时预防色斑等问题的反复发生。如果使用后不再继续治疗，皮肤只会在之前变白皙透亮的基础上慢慢氧化，不会比使用前差。

11. 微针治疗可以自己在家做吗？

"微针操作挺简单的，我在网上也可以买到微针和药品，自己在家做岂不省钱、省事？"

奉劝你一句，除非你有专业的医学知识，否则不要轻易操作，毕竟，做微针是为了美容，不是毁容！由于没有专业皮肤科知识，对手法轻重没法把握，面部出现划痕、红斑、色素沉着者比比皆是。而这些还不是最严重的，微针治疗毕竟是一项微创破皮治疗方法，由于在家里操作时消毒不彻底，很多人治疗后会出现感染。

笔者曾经有一位患者自己在家做微针治疗，脸上本来有一颗扁平疣，自己不知道，结果滚了微针之后，扁平疣扩散开来，遍布全脸，估计之后再也不敢自己做微针了。

还有些皮肤本身就处于敏感期者，自己在家微针治疗之后可能会出现面部红肿等情况。

微针治疗需要选定最佳适应证，同时还要选择最佳治疗时机，这样才能让效果最大化的同时副作用最小。所以在治疗前，一定要由医生面诊，由专业医生为你操作。

12. 为什么我做完微针治疗后皮肤反而更糟，痘痘更多了？

“本来想做个微针让皮肤更细腻一些，但是平时不怎么长痘痘的我，做完微针后开始爆痘，简直毁容了！”

做完微针后爆痘，这是微针治疗的一个常见并发症，常见原因如下：

一、皮脂腺堵塞

由于微针刺激，皮肤会产生大量的炎性因子和各类生长因子，促进皮肤愈合。那么如果皮肤本来就存在角化过度，微针治疗之后很有可能导致角化加重，而术后的炎症反应也会使皮肤轻微水肿，导致皮脂腺排出不畅，粉刺增多。这种情况不用担心，一般发生在第一次微针治疗时，随着治疗继续，皮肤状态会逐渐好转，爆痘的现象就不见了。

二、炎症扩散

另外，如果皮肤本来就有些炎症，在消毒不彻底的情况下或滚针全面部操作后，菌群就被带到其他部位了，引起其他部位的感染。因此，炎症较明显、脓头较多的痘痘可以选择先外用或口服抗生素、刷酸等治疗，将炎症控制后再考虑微针治疗。

三、过敏

还有一部分人群治疗前没有痤疮，而治疗后出现了类似痘痘的皮损，叫作痤疮样疹。这类皮疹一般形态比较单一，不会出现明显脓包，但更多会有瘙痒、烧灼等不适感，推测与过敏相关。这类皮疹一般 1 周左右消失。

13. 微针治疗后皮肤会不会敏感?

随着敏感肌肤越来越多，求美者对皮肤的保养越来越谨慎：果酸会不会让皮肤变薄？激光会不会刺激皮肤？而微针会不会让皮肤变敏感？

所有的治疗都是“先破后立”的，适当的刺激可促进胶原蛋白增生，使我们的皮肤更加紧致有弹性，但由于微针治疗后短期内的皮肤屏障破坏是有些敏感肌肤不能承受的，所以当破坏超过其所能恢复的阈值，就会出现皮肤症状的加重。

在敏感肌肤症状较稳定的时候，可以使用具有修复功能的微针产品（如安多可、三文鱼普丽兰）。普丽兰作为组织再生类产品，其具有抗感染、再生、修复作用，可以改善肌底炎症，加速新陈代谢，提供健康的肌底环境，促进受损的组织和细胞再生，修复受损屏障，提高皮肤自身免疫力及防御力。

切记，当皮肤急性过敏时如果使用微针，可能会出现面部瘙痒、刺痛、紧绷感，甚至敏感加重。这时候，需要先修复皮肤屏障，当皮肤耐受后再应用微针治疗。

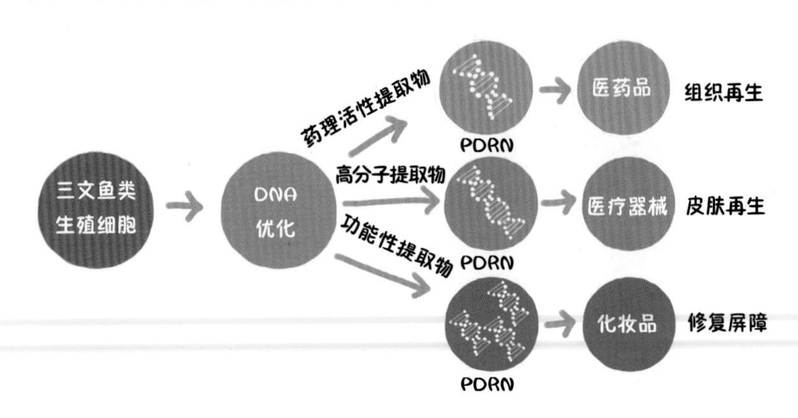

14. 做微针治疗后，会不会返黑呀？

“听说激光治疗后可能会出现‘返黑’，做完微针也会‘返黑’吗？”这又是与“返黑”有关的问题！

微针治疗后的返黑大部分发生于微针治疗后1周内，因为皮肤还没有完全恢复，会有些沙粒感，皮肤表面一些微小的结痂位于皮肤表面，皮肤看起来也会比较暗淡，光泽度比较差，这是微针术治疗后的正常反应，仅是暗沉而已，不同于激光术后的返黑。一般在1周之后，细小痂皮完全脱落后，皮肤色泽度就会好转。

但如果治疗中操作粗暴，治疗后护理疏忽，揉搓皮肤，大量出汗、防晒不到位等，皮肤就可能真的返黑了，要想恢复，可能需要数月时间。

15. 微针治疗后的注意事项有哪些?

“细节决定成败”！微针治疗后的护理对增强效果、减少不良反应有重要作用。

（1）勿沾水：操作后至少8小时内操作部位请勿沾水，保持清洁。

（2）补水：微针治疗之后，皮肤屏障被暂时性破坏，皮肤水分蒸发加快，因此在恢复期皮肤还是很干燥的，这时候皮肤一定要加强补水，可以在微针治疗后第2天开始，做完无菌修复面膜之后使用乳液或霜剂保湿。

（3）避免高温：1周内切忌处于高温环境，不要蒸桑拿，进行游泳等剧烈运动会造成皮肤大量出汗，形成浸渍效应，也不利于皮肤的恢复。

（4）切忌揉搓：在治疗后1周内，皮肤表面还有些细微可见的皮肤碎屑，肤色会较暗，等皮肤屏障完全建立，皮表更新完成后，肤色就亮了。但恢复期间千万不可揉搓按摩皮肤，这样会加重炎症反应，甚至刺激到黑素细胞，导致后期皮肤返黑。

（5）防晒：皮肤脆弱时，注意防晒、防晒、防晒！微针治疗后可使用遮阳伞、戴帽子等做好防护，24小时后就可外用物理性防晒霜。

（6）其他治疗：2周内不要进行换肤及激光治疗。

16. 微针治疗有禁忌证吗？

微针虽好，但不是你想做就能做的，有以下症状者是不能做微针的：

（1）治疗区域有活动性感染灶、皮炎等。

（2）瘢痕体质。

（3）患有荨麻疹。

（4）患有皮肤疾病，如银屑病、白癜风等，针刺可引起同形反应。

（5）有凝血功能障碍。

（6）患有严重器质性疾病，如心脏病、尿毒症等。

（7）处于妊娠哺乳期。

（8）对金属及微针导入药物成分过敏。

《关于微整形，你想知道的都在这里》
补充内容

关于微整形，你想知道的都在这里

主　编　姜海燕　骆　叶
副主编　林钰庭　张荷叶　周　珺
主　审　郑志忠
监　制　中国肉毒毒素研究院

NM 北方联合出版[illegible]（集团）股份有限公司
辽宁科学技术出版社

1. 肉毒毒素注射多了会中毒吗？那同时打瘦腿针、瘦脸针、瘦肩针会中毒吗？

这不是危言耸听，肉毒毒素是一种可致肌肉麻痹的神经毒素，70kg 成人的半数致死量（也就是在一定时间内可使个一定体重或年龄的某种动物半数死亡需要的剂量）是 3000U，也就是 30 瓶保妥适的量！敢问各位朋友，谁能一次打 30 瓶保妥适？

相对于这个剂量，肉毒毒素在美容领域所用的剂量是没有危害的，一般建议保妥适单次治疗剂量不超过 500U。也就是你如果全面部除皱、瘦脸、下颌缘提升、瘦肩、瘦腿同时做，一般也不会超过这个量啦！

2. 交联剂 BDDE 是否与玻尿酸的“组织相容性”相关？玻尿酸注射的排异反应是否与交联剂有关？

玻尿酸的“组织相容性”较好，简单理解就是玻尿酸与人体组织可以“亲密无间”地融为一体。

我们都知道，玻尿酸的优点就是它本来就存在于人体组织中，一般不会被我们机体组织认为是异物而发生排异反应。

导致排异反应的可能原因有：

（1）在玻尿酸的交联过程中，如果交联剂过多，或者交联技术不恰当，使得玻尿酸的形态与人体中的玻尿酸成分区别过大，就会导致排异反应。

（2）玻尿酸生产过程中需要“纯化”，就是剔除游离的BDDE，还有链球菌蛋白质、内毒素、外毒素等；如果提纯得不够干净，有些人会因这些蛋白质发生过敏反应。

因此建议选择更大牌的玻尿酸，如瑞蓝、乔雅登，因为你不得不相信这些大品牌效果会更好。

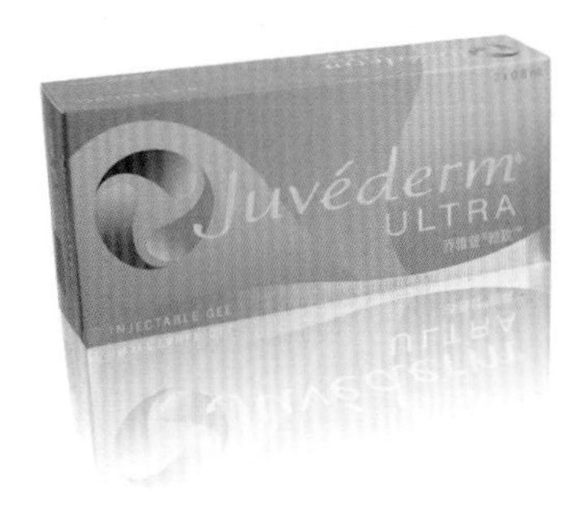

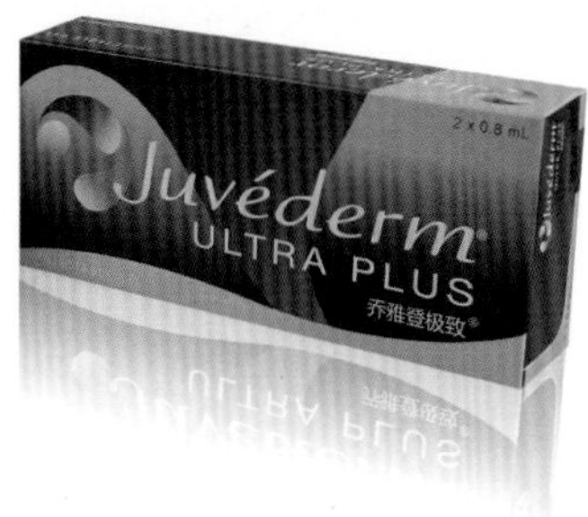

3. 乔雅登因为凝聚力较好，会不会在组织里凝聚成一团，造成皮肤表面看起来不自然？

乔雅登拥有高度凝聚性三维立体凝胶基质，拥有其他玻尿酸不具备的支撑凝聚力，这个特点使得乔雅登注射后提拉塑形效果特别好，持续时间也更长。

但同时就有人会有疑问：凝聚力太好，乔雅登会不会在脸上注射后容易在组织里聚集成团，看起来不自然？

这就要对注射医生的手法有要求了！

注射手法不对，任何玻尿酸都会打得皮肤不自然！

首先，深层注射（一般注射至骨膜上）时一般不用太担心这

个问题。填充层次深，只要不是太过量的注射，不会使皮肤表面看起来不自然。

其次，较浅层次注射时为了避免产生这种情况，笔者一般会选择多层次注射，不要将玻尿酸固定在一个层次、一个隧道，要使玻尿酸均匀延展开来，再加上中间又有组织的间隔，这样使填充效果更自然。

当然，对于注射乔雅登后皮肤不自然的情况，不用担心，因为乔雅登的品牌口号是“浑然天成”，也就是其具有较好的组织相容性，这样也就保证了我们面部皮肤的自然生动。

4. 乔雅登极致和乔雅登丰颜的临床差别？

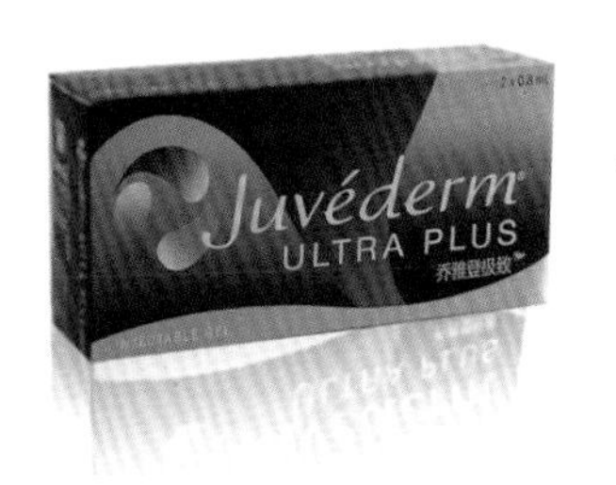

VS

乔雅登丰颜作为乔雅登的新品，有着它独特的产品优势。

丰颜是顶级玻尿酸品牌乔雅登的旗舰产品，风靡全球的“苹果肌”之王。如果只选最高端品牌的最高端产品，那无疑应选丰颜。

大分子小分子复配空间交联技术使丰颜触感更柔和，适合面颊部凹陷，苹果肌、太阳穴凹陷，以及额头等部位的填充。而且丰颜的性价比更高，不同于极致和雅致的 0.8mL，它 1 支剂量是 1mL，还是款“超长待机”的玻尿酸，效果可维持 2 年。

如果要比较功能性，那么丰颜是填充剂里面最好的骨性延展的凝胶材料。大家知道衰老的进展和层次，治疗上：骨面的衰老用乔雅登丰颜，浅层的平铺用乔雅登雅致，深层的提拉用乔雅登极致。

但对于鼻子、眉弓和下巴等部位的皮肤问题，不建议用丰颜。改善这些部位的皮肤问题不仅要求需要的材料支撑性很强，内聚力也要强，不然容易移位，发生鼻背增宽等现象，这时候就必须要选择乔雅登极致了。

5. 玻尿酸注射后会出现红肿、结节、移位、不平整等情况，如何避免和预防？

最简单粗暴的方法就是——选择好的产品，选择好的医生！

玻尿酸注射后即刻就出现不对称、不好看、表面不平整等问题，这就是注射医生的问题！

玻尿酸注射后一段时间才出现红肿、结节、移位等问题，这是注射产品的问题了，当然，也与注射医生有关系——谁让他给你选择了不适当的产品（自己不听劝告的除外）。

选择好的注射医生，同时要选择正规医院机构，不要在“工作室”乱打针。

至于产品，应选择大品牌：乔雅登、瑞蓝……。以笔者的注射经验来说，贵有贵的道理。大品牌的玻尿酸注射后效果好，副作用发生率低，效果稳定持久，其实这也是给你省钱了。

一些国产的玻尿酸的副作用发生率比较高，如果预算准许的情况下，建议尽量选择好的玻尿酸；否则出现问题，后期又要用溶解酶溶解掉，浪费钱遭罪不说，如果出现溶解酶也不能解决的问题，那就真没有后悔药可吃了。

6. 玻尿酸注射部位反复长痘是什么原因？该怎么处理？

笔者曾遇到过很多求美者反映：注射的玻尿酸是不是太营养了，注射的部位开始反复冒痘了！再一询问，发现这种情况基本都发生在——下巴。

大家都知道，下巴是痘痘好发部位，很多观点认为“压力痘”就好发于这个部位，所以不能单单看这个部位是否打了玻尿酸，还要想想你有没有吃易“上火”的食物、内分泌紊乱、熬夜等“放飞自我”的行为。

当然，确实还有一部分人的冒痘跟注射玻尿酸有关。这就要看你注射的玻尿酸品牌了：乔雅登、瑞蓝等因为生产工艺水平较

高，在注射后很少会使求美者发生冒痘情况，而一些韩国产的和国产的玻尿酸注射后出现这种情况的概率就比较大！

如果出现这种情况，可以先治疗，如 OPT、刷酸、外用阿达帕林、外用夫西地酸都可以。如果仍是反复发作，可以考虑使用玻尿酸溶解酶溶解，一次性解决。

7. 如果注射玻尿酸后产生了丁达尔现象，该怎么处理？

丁达尔现象就是在较薄皮肤的部位浅层注射玻尿酸后，由于透光而呈现淡蓝色的现象。

泪沟处注射玻尿酸最易出现丁达尔现象，使黑眼圈看上去更加明显，这也是泪沟难注射的原因之一。

有的医生认为，把玻尿酸注射深一点儿就可以完全避免丁达尔现象。错了！就算注射到深层，随着眼轮匝肌的运动，玻尿酸也可能会顺着肌纤维"跑"到浅层来，因为我们的眼周表情太丰富了！

微笑中透露着绝望

一旦出现了丁达尔现象，就需要将浅层透光的这部分玻尿酸溶解掉。先用 1mL 生理盐水稀释 1 瓶（1500U）的玻尿酸溶解酶，然后抽出 0.1mL，再加入 0.9mL 的生理盐水。如此稀释好的 1mL 液体含有 150U 的玻尿酸溶解酶，在泛蓝的部位浅层多点注射约 0.2mL 就可以了。

再次强调注射玻尿酸溶解酶的重点：

（1）注射层次要浅：因为需要溶解的是浅层的玻尿酸，而非深层。

（2）溶解酶注射量要少：以免溶掉深层的其他玻尿酸。

（3）如若溶解得不够，可以 3 天后重复溶解，宁少勿多。

丁达尔现象一旦出现就需要做溶解操作，否则会造成求美者的不满，所以预防远远重于治疗。如何预防呢？

对泪沟这种容易出现丁达尔现象的部位，注射时可选用胶原蛋白，胶原蛋白不是胶体，不会出现丁达尔现象，而且胶原蛋白本身的乳白色会遮盖我们的黑眼圈，是泪沟注射的首选产品。然而胶原蛋白的价格相对较高，效果维持时间较短，对注射医生的注射技术要求也很高。

经济条件有限的求美者，可能仍然会选择玻尿酸注射。这时候，可以选择深层注射，不要注射成条状，否则容易形成条状隆起。可选择点状深层注射，并且即刻按压平整。

想看具体注射操作视频的朋友，可以微信扫描下图二维码，关注笔者微信公众号，大量操作视频和医美理念在此呈现。

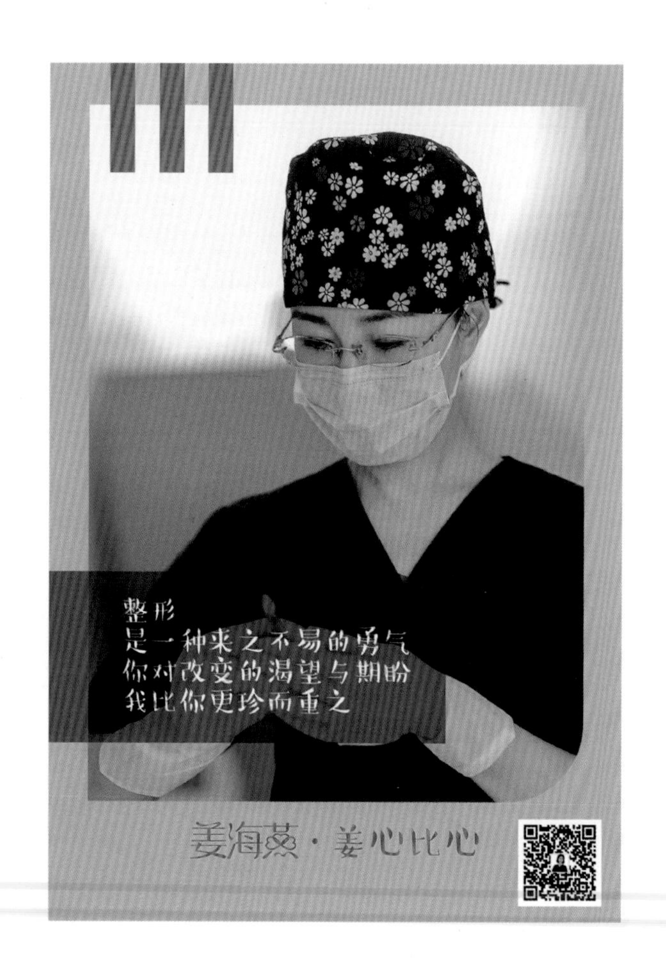

8. 胶原蛋白和玻尿酸可以同时配合注射吗？

Of course！

两者配合可以互补长短。

玻尿酸的效果维持时间较长，性价比会比较高，而胶原蛋白在一些特殊部位如泪沟等部位自带优势。

如眼周注射，笔者的习惯是：先在眶下有骨性支撑的地方深层注射玻尿酸，这些部位皮肤和皮下组织较厚，不容易出现丁达尔现象，而在这些部位注射玻尿酸还能起到支撑作用，像支起小帐篷一样，使远端的泪沟凹陷也会减轻。注意，对于皮肤越薄、软组织越少的求美者，玻尿酸注射越要远离眼眶。然后，在眼睑下无骨性支撑的部位，笔者会选择胶原蛋白多层次注射，有了远端玻尿酸的支撑，这里胶原蛋白的用量也会减少，并有效预防了丁达尔现象的产生，对眼周皮肤和黑眼圈也有明显改善。

9. 玻尿酸溶解酶会致敏吗？如果对溶解酶过敏该如何处理？

对玻尿酸溶解酶过敏可不是偶发事件。

一旦发生，轻者只是出现皮肤局部的红肿，重者甚至会出现过敏性休克。

因此注射前一定要做皮试，而且每次注射前都要进行皮试！

笔者遇到过很多例求美者对前几次注射的玻尿酸溶解酶不过敏，后来却发生皮试过敏的案例。这种情况与求美者本身的体质有关。

给大家讲一个特殊的案例。

记得有位求美者，用玻尿酸溶解酶溶解了法令纹处移位了的玻尿酸，然后重新进行玻尿酸注射。一切很正常。之后，她又要求溶解掉苹果肌部位以前填充的玻尿酸，我们进行皮试，溶解酶

呈阴性，就给她在苹果肌部位注射了溶解酶。结果第2天，她的苹果肌红肿得很厉害！仔细追问她之前的注射史细节发现，她法令纹之前的玻尿酸是在正规机构注射的，使用玻尿酸溶解酶溶解过程自然很顺利，而苹果肌部位的“玻尿酸”是她在“工作室”注射的，品牌不明！

所以，假玻尿酸不仅可能溶解得不干净，还有可能与溶解酶发生反应，引起过敏反应。

还有一个案例，溶解酶皮试结果当时是阴性，注射2天后求美者出现了局部过敏，皮试部位也在2天后出现阳性反应。所以还要警惕迟发性的过敏反应。

一旦出现过敏，给予抗过敏治疗、局部冰敷可以减轻症状。

10. 听说乔雅登又有新产品进入中国市场了，能科普一下吗？

2020年10月这款最新进入中国市场的乔雅登产品名字叫作Volift（缇颜），是Vycross技术系列在中国上市的第一款含利多卡因的产品，100%交联，临床研究表明，效果维持时间长达18个月。

Vycross技术系列的另一款产品是乔雅登丰颜。这一类乔雅登产品推注手感更加顺滑，都是1mL/支的包装。

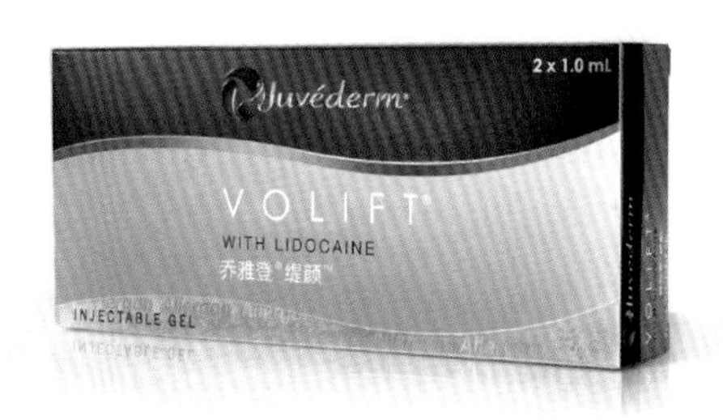

Vycross技术是玻尿酸长链和短链的交联，交联效率更高。Vycross技术提高了凝胶的G’值，G’值高意味着硬度高，调节了与施打层次相匹配的内聚力。

乔雅登缇颜和极致的施打层次一致，相比较极致，缇颜的效果维持时间是18个月，含利多卡因，注射过程疼痛感更轻，更加舒适，在其使用中我们医护人员也不用手动为产品添加麻药了。

11. 乔雅登家族有这么多兄弟姐妹啦，雅致、极致、丰颜、缇颜，该如何搭配使用？他们之间主要的差异点在哪里？

乔雅登家族已在中国上市了 4 款产品，这 4 款产品分别是：

2015 年上市的乔雅登极致和雅致。

2019 年上市的乔雅登丰颜。

2020 年底上市的乔雅登缇颜。

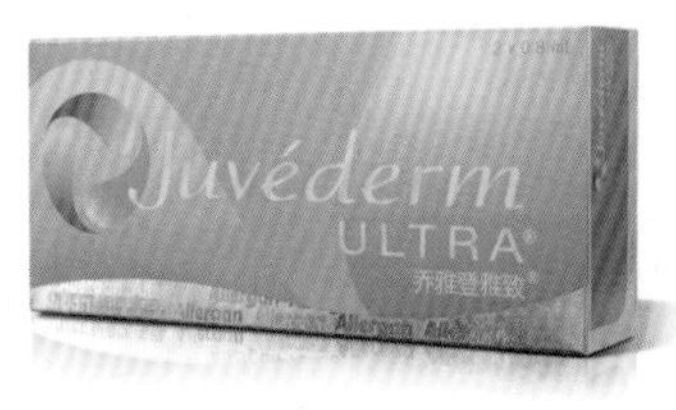

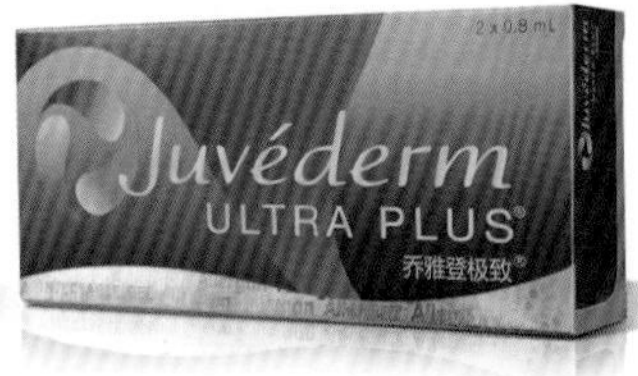

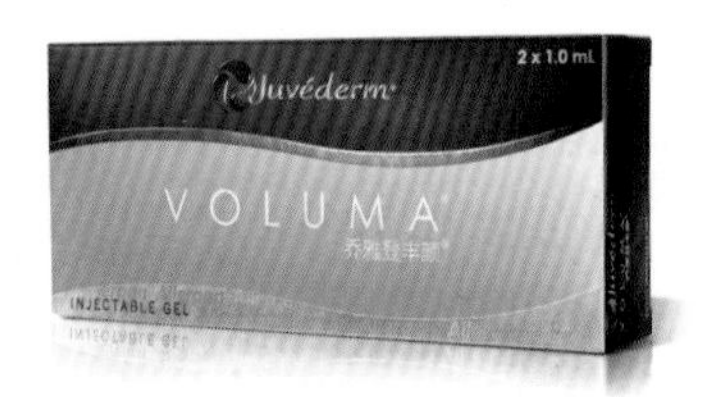

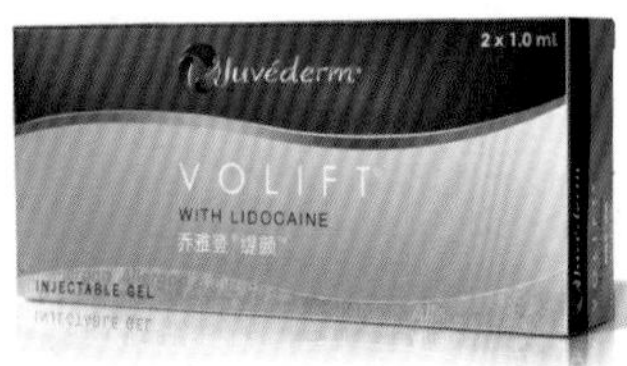

这 4 款产品分别用于解决面部不同层次的衰老问题。

（1）乔雅登丰颜：属于 Vycross 技术系列，玻尿酸含量为 20mg/mL。作为骨性延展的材料，施打在骨膜上作骨性填充的材料，可以维持 24 个月的时间，同时丰颜在国际上被称为“苹果肌之王”，对于苹果肌的立体塑形有很好的效果，是乔雅登的旗舰产品。

（2）乔雅登极致：属于 Halycross 技术系列，玻尿酸含量为 24mg/mL。它是乔雅登的经典产品，可以称作是“提拉之王”，用 MD Codes 点位注射在骨膜或深层脂肪垫上，可以达到提拉紧致，使脸更小巧的注射效果，效果维持时间 12 个月（说明书上效果维持时间为 12 个月，实际效果维持时间可达 18 个月）。

（3）乔雅登缇颜：属于 Vycross 技术系列，玻尿酸含量为 17.5mg/mL。相比较极致，缇颜的效果维持时间是 18 个月，含利多卡因，注射过程更加舒适。Vycross 系列产品虽然硬度高，然而内聚力不如乔雅登极致，笔者本人注射鼻子和下巴时会首选乔雅登极致这一款产品，极致不易使注射部位变宽。当然，用玻尿酸隆鼻要使鼻子高度恰当。如果玻尿酸用量太多，凝聚性再好的玻尿酸也会使注射部位变宽，建议求美者理智对待自己鼻梁的高度。

（4）乔雅登雅致：属于 Halycross 技术系列，玻尿酸含量为 24mg/mL。它是乔雅登的“自然填充”产品，是一款非常柔顺平滑的产品，施打层次是浅层脂肪垫，起到填充、补充容量缺失的作用，效果维持时间 12 个月。因为乔雅登家族产品自然融合的特性，自身组织可以很好地与玻尿酸融合在一起，动静皆自然。